"十一五"国家重点图书
中国气象局科普项目资助
农村气象防灾减灾科普系列丛书

果品储藏保鲜与气象
——基本知识

吕　湛　郝永红　卢粉兰　编著

气象出版社
China Meteorological Press

图书在版编目(CIP)数据

果品储藏保鲜与气象:基本知识/吕湛,郝永红,卢粉兰编著.—北京:气象出版社,2010.1(2012.5 重印)
(农村气象防灾减灾科普系列丛书)
中国气象局科普项目资助
ISBN 978-7-5029-4911-2

Ⅰ.果… Ⅱ.①吕…②郝…③卢… Ⅲ.①气象-关系-水果-食品贮藏-基本知识②气象-关系-水果-食品保鲜-基本知识 Ⅳ.S660.9

中国版本图书馆 CIP 数据核字(2009)第 229709 号

果品储藏保鲜与气象——基 本 知 识
Guopin Chucang Baoxian yu Qixiang——Jiben Zhishi

出版发行:气象出版社
地　　址:北京市海淀区中关村南大街 46 号
邮政编码:100081
网　　址:http://www.cmp.cma.gov.cn
E-mail:　qxcbs@cma.gov.cn
电　　话:总编室 010－68407112,发行部 010－68409198
策划编辑:崔晓军　王元庆
责任编辑:崔晓军
终　　审:纪乃晋
封面设计:博雅思企划
责任技编:吴庭芳
责任校对:侯娅南
印 刷 者:北京奥鑫印刷厂
开　　本:787 mm×1 092 mm　1/32
印　　张:2.75
字　　数:62 千字
版　　次:2010 年 1 月第 1 版
印　　次:2012 年 5 月第 2 次印刷
印　　数:5 001～10 000
定　　价:9.00 元

《农村气象防灾减灾科普系列丛书》

编　委　会

序

我国是世界上气象灾害最严重的国家之一。据统计，每年因各种气象灾害造成的农作物受灾面积达5 000多万公顷，经济损失超过2 000亿元。随着全球气候持续变暖，我国农业生产面临着更大的自然风险。

农业、农村、农民问题关系党和国家事业发展全局。党中央、国务院历来高度重视气象为“三农”服务工作。2008年中央一号文件明确要求，要充分发挥气象为农业生产服务的职能和作用，加强农业防灾减灾体系的建设和农业应对气候变化的能力建设。胡锦涛总书记在2008年6月的“两院”院士大会上强调，要将灾害预防等科技知识纳入国民教育，纳入文化、科技、卫生“三下乡”活动，纳入全社会科普活动，提高全民防灾意识、知识水平和避险自救能力。党的十七届三中全会又进一步强调要加强农村防灾减灾能力建设，并明确提出，要加强灾害性天气监测预警，宣传普及防灾减灾知识，提高灾害处置能力和农民避灾自救能力，开发气象预报预测和灾害预警技术，开发利用风能和太阳能，加强农业公共服务能力建设等。

多年来，气象部门始终坚持把为农业服务作为气象工作的重要任务，努力为农村防灾减灾、粮食增产、农民增收、农业增效等方面提供气象保障服务，并动员全部门力量，积极联合各部门组织开展面向农村和农民的气象科普活动，取得了初步成效。2008年11月，《中国气象局关于贯彻落实〈中共中央关于推进农村改革发展若干重大问题的决定〉的指导意见》明确提出了在农村开展宣传普及气象科技和气象灾害防御知识的任务，要求“建设农村气象科普教育基地，促进农村气象科技和气象灾害防御知识的宣传普及，提高农村气象科普宣传的力度、广度和深度，积极推动农村气象防灾减灾知识和技能的宣传教育下乡、进村、入户，提高农民气象灾害防御意识和避灾自救能力”。中国气象学会和气象出版社组织气象科普专家编写的《农村气象防灾减灾科普系列丛书》，针对我国现代农业、农村、农民的特点，从气象与农村生产、生活的关系及影响出发，面向农民群众普及各类气象灾害常识和防御要点，针对性强、通俗易懂。该丛书将通过“农家书屋”工程等渠道向全国发放。

面对农业生产和农村改革发展的新形势和新要求，气象部门一定要进一步增强农村气象防灾减灾和农业应对气候变化的能力，大力加强农村公共气象服务体系建设，充分发挥气象为农村改革发展服务的作用，大力推动面向农村和农民的气象科普活动，努力增强广大农民群众的气象防灾减灾、应对气候变化的科学意识和素质，为推动农村改革发展作出新的更大的贡献。

中国气象局局长 郑国光

2008 年 11 月于北京

目 录

一、气象条件、地理条件对果品储藏的影响

二、生产管理对果品储藏的影响

三、果品采后的呼吸作用对果品储藏的影响

四、果品特性与果品储藏

五、果品的采摘、包装、分级与储藏

六、果品储藏的技术措施

一、气象条件、地理条件对果品储藏的影响

1. 温度对果品的耐储性有哪些影响

温度不仅决定了果树品种在当地的适栽性，而且对果品的品质和耐储性也会产生不同的影响。例如一些晚熟耐储品种，如果生长地的有效积温刚好达到最低要求，也就是果实在当地勉强能够成熟（当地的有效积温可以通过向气象部门咨询或查阅当地的县志获得），那么所产果品的耐储性要低于高积温产区的果品，主要原因是在内含物上两者差别明显。此外生长期温度的不同也会在果品的耐储性上有不一样的反映。例如苹果果实生长季中温度的高低，对苹果果实的品质及储藏性影响极大。尤其是在6—9月份果实的生长发育期温度，一般日温高时（但不高于24 ℃）有利于光合作用，夜温低时有利于物质积累，在这种条件下，苹果果实上色好，糖分高，硬度大，耐储藏。若在该段时间气温过高，温差较小，则不利于果实上色和优良品质的形成，肉质疏松，香味差，耐储性差，同时在储藏期果实易发生生理病害。在果实生长过程中，过高的空气温度，不仅能引起苹果、梨等的含糖量降低，而且能引发一些果实的病害，如苹果炭疽病、轮纹病以及葡萄炭疽病、白腐病等，严重影响果品质量及储藏。而桃在夏季温度高时，果实含糖量高，耐储藏；夏季低温高湿时，颜色和成熟度均差，不耐储藏。

由于果实的潜在耐储性是在一定的生长环境条件下形成

的，所以果农要根据当地的温度条件选择适栽的、有利于储藏的树种和品种，不要盲目种植。

2. 降水量对果品的耐储性有哪些影响

降水量对果实耐储性的影响主要体现在果实品质和储藏期病害两个方面，降水量偏大的地区特别是在果实营养物质积累的后期出现长时间阴雨天时，会造成果实含糖量低，上色慢，成熟期延迟，果实硬度降低。采前偏大的降雨量还会造成果实含水量的猛增，严重的会出现裂果，此外果实含水量的增大会提高果实的呼吸速率，缩短果实的储藏寿命。成熟期雨天偏多会引发田间病害的发生，增加入库果实所带的病菌量，给果实储藏形成潜在威胁。

例如采前降雨形成的潮湿天气会加重葡萄成熟期和储藏期的病害，尤其是会给葡萄生产和储藏造成严重损失的灰霉病，在这种情况下有利于病菌的快速发展和蔓延，从而增加带菌的果实量，造成葡萄在储藏期大量发病。因此采前多雨地区的葡萄最好不要用来储藏。

还有，降雨量的多少和降雨时间，对苹果品质及耐储性影响极大。一般多雨年份，特别是秋季阴雨多，果实的含糖量低，味淡，颜色及香味差，成熟期晚，不耐储藏，大国光、小国光、富士等一些品种，还易裂果腐烂。

3. 光照对果品的耐储性有哪些影响

光照与果品的含糖量有关。光照充足有利于光合作用的进行，果实含糖量会明显提高，而且果实上色早，果皮保护层发达，有利于果品的储藏；但是过度强烈的光线也容易造成果皮损伤而影响果实的耐储性。光照不足时果实内养分积累少，果皮形成的蜡质层薄，不利于果品的储藏。

光照与花青素的形成有密切关系。苹果中的红色品种，在阳光充足的条件下，果实颜色鲜红；而内膛果由于接受阳光太少，虽然也能成熟，但不显红色或色调不浓。在晴天多而干旱的年份，果实品质与色泽均好，耐储性也强。

此外，光照充足时会抑制病菌的繁殖，减少田间病害的发生，降低储藏期果实的发病率，提高果实的耐储性。

总的讲绝大多数果树是喜光树种，因此在选择栽种地块时要选择光照时间长的地方。这些地块生产的果实可作为储藏时的优选对象。

4. 霜冻灾害对果品储藏有哪些影响，怎样防御

晚霜主要会对刚进入生长季的果树造成冻芽、冻花的影响，引起减产和树体衰弱，对果实的生长发育不利，也会间接影响果实的耐储性。

而早霜会严重影响果实的耐储性。在一些果树栽培区，晚熟品种有时会遇到早霜危害，受到伤害的果实呼吸速率明显高于正常果实，果肉褐变，受害部位在储藏期间还有可能会向外渗液。葡萄受晚霜危害后，抗低温能力差的品种绿色果轴会发生褐变，导致整穗葡萄失去储藏价值。

针对霜冻果农要采取相应的防护措施。首先根据历年霜冻出现的时间合理选种果树品种，以免造成不必要的损失。其次在霜冻可能出现的时间段注意收听收看当地的天气预

报，在可能出现霜冻的时间段安排防霜工作，主要采取点烟防霜和吹风防霜（国外用大型轴流风机来吹散向低洼地聚集的冷气）。点烟防霜要根据冷风来的方向和果园地势合理安排烟堆，如果果园是在冷风口，则要以上风方点火放烟为主；如果地势低洼因冷空气下沉形成冻害，则要注意在果园内均匀布置点烟点。点烟时间要根据温度下降幅度适时安排，霜冻多出现在凌晨时分。还有就是在确定霜冻发生后要观察1～2天再进行果品采收，以便区分受害果与未受害果，不要混采混装。

5．干旱对果品的耐储性有何影响，如何防御

干旱是威胁果树生产的重要天气因素。果树受到干旱影响时其正常的生理活动会受到胁迫，光合能力下降，光合产物减少，果实营养物质积累不足影响果品的储藏寿命，同时果实生长受到制约，果实品质会明显降低，储藏价值降低。而一些易裂果的果树品种如前期受到干旱影响，后期遇到降雨天气，其果实会严重开裂而失去储藏价值。

但是接近采收期的适度干旱，对果品储藏有利。这是因为接近采收期的适度干旱，可以使果实中水分含量相对较低，同时不利于田间病菌的传播侵染，可以降低果实储藏期病害的发生几率。

针对果树生长期出现的干旱天气，果农要根据土壤墒情、近期的天气预报、树体的生长发育情况三方面来判断是否需要进行灌溉，同时确定灌水量。在灌溉方式中节水灌溉是最佳的灌溉方式，不但可以减少用水而且还可以做到适时适量和水肥结合。另外，沟灌和覆膜相结合的方式可以有效地提高水分的利用率。干旱区种植果树还可以采取其他措施来减轻干旱造成的影响，如采取树盘覆膜、覆草技术以减少土壤水分的蒸发，也可采用关键期人工根系注水等方法来降低干旱的影响。

6. 什么是沙土、黏土、壤土，怎样进行简易判断

各类型土粒在土壤中所占比例的不同决定了土质的差异。从感观上讲，沙土的特征是渗水快、农作时不易与农具黏结、成块成团性差、易于耕作；黏土则渗水较慢、易与农具黏结、成块成团性好；壤土的特性则界于沙土与黏土之间。

从种植农作物讲，壤土的综合评价最高，适合种植用于储藏的果品。如肥水条件能跟上的话，沙土在种植储藏果品方面要优于黏土。

7. 土壤条件对果品储藏有哪些影响

土壤除供给植株生长所需的营养元素和水分外，还会影响根系的生长发育，从而进一步影响地上部分的生长。

土壤性状和土层厚度，直接影响果树根系分布的深浅、树体的结果量、果实的品质和果实的耐储性。不同树种、品种对土壤也有不同的要求：

苹果要求土层深厚、质地疏松、通气良好、富含有机质的酸性至中性沙壤土。在沙壤土上生长，水分供给适当时，苹果成熟度好，口味甜，颜色好；而黏土生长的苹果，成熟晚，口味

淡,颜色差。此外,钾、钙、镁、铁、锌等矿质元素易于被吸附在黏土粒上,从而使果实易出现缺素症状,极不耐储藏。沙土上的苹果,当水分供应不正常时,果实吸收钾、镁、钙等元素不平衡,钙有时会出现相对不足,果实易发生苦痘病。而土壤中有机质含量、全氮含量和碳氮比高时,则有助于减轻苦痘病的发生。

葡萄生长的土壤最好是沙质壤土。如果成土母质富含钾离子,那么产出的葡萄品质好,上色浓,可溶性固形物含量高,酸度低,耐储藏;而在黏土及水分大的土壤上,葡萄成熟期晚,糖度低,酸度大,果实含水量大,不耐储藏。

鸭梨在沙壤土上生长,个大,肉细而疏松,味稍淡;而在黏重的黄土上生长,果实较小,肉粗而紧密,味浓。

此外,黏质土壤的排水性差,容易出现涝害,后期出现降雨时树体容易因吸收水分过多而造成果实含水量增加,不利于储藏。排水良好的沙质壤土,所产果实含水量较低,果实含糖量高,色泽艳丽,有利于储藏。沙土保水保肥性差,不易发生涝害,在水肥条件充足的情况下生产的果品品质要明显优于黏土,但在水肥的投入上要高于沙质壤土和黏土。

生产中,果农要根据种植地块的特点采取相应的技术措施,可以对现有土壤条件进行改良,以合理平衡根系部位的肥、气、水条件。比如对黏土可以适当增加有机肥用量,有机肥以纤维含量较高的羊粪和牛粪为主,在追有机肥的同时掺入沙土;用肥上注意平衡施用,避免一次追入大量单元素肥料(如碳铵、尿素、硫酸钾),在不同时期施用营养元素比例不同的混合肥料,这些肥料可以自己选用单元素或多元素肥料配制;在生长季适当增加中耕深度和中耕次数。而在沙土上要加大有机肥用量,有机肥以富含多种营养元素的鸡粪和羊粪为主，并采用地面秸秆覆盖或合理生草，以增加土壤有机质；追肥浇水最好采取少量多次的滴灌方式。

8. 什么是土壤 pH，对果品储藏有什么影响

土壤 pH 就是土壤的酸碱性，是指土壤溶液中所含 H^+ 和 OH^- 浓度的相对数量。判断土壤酸碱性，一是根据果园所处的地理位置，我国一般土壤的 pH 变动范围在 4～9 之间，在地理分布上为“东南酸西北碱”，以长江为界(北纬 33 度)，长江以南的土壤多为酸性或强酸性，而长江以北多为中性或碱性；二是根据当地农业部门土地普查中的数据，这些资料较为具体可靠；三是采集土样进行分析化验，需要在专门的土壤分析实验室进行。一般情况下土壤的 pH 变动较小，特别是未经人工开垦、种植过的土地。

土壤 pH 是衡量土壤性状的重要因素，它直接影响土壤中植物所需营养元素的可供给状况，从而影响果实品质和果实的耐储性。果树所需的各种营养元素的供给状况在 pH 为 6.5～7.0 之间时最佳，偏离这一范围会出现一些营养元素的供给状况下降。由于不同果树对各种营养元素的敏感性不同，因此根据土壤 pH 合理施肥会明显改善果实品质、增强耐储性。

土壤的 pH 并不能衡量土壤中可供营养元素的数量，只能说明它们存在于土壤中的有效性，一般只有在土壤营养元素含量充足、有效性高的情况下，植株才不会缺乏该种营养元素。

在偏碱或偏酸性土壤上种植果树要进行必要的改良，特

别是在挖定植沟或定植穴时，要彻底改善根系生长环境，使其适合果树品种的特性要求，达到能平衡供肥的水平，这样生产的果品品质才有保证，耐储性高，否则果品在储藏期间易得各种生理病害。

9. 什么是土壤有机质，对果品储藏有什么影响

土壤有机质就是土壤中所含的有机物质，主要来源于动植物、微生物的残体和施入农田的有机肥料，一般分为五类：一是糖、有机酸、醛、酮类及相近的化合物；二是纤维素和半纤维素；三是木质素；四是单宁、蜡质、树脂等十分复杂的化合物；五是含氮化合物，如蛋白质类化合物。这些有机质经土壤中的微生物分解后再合成腐殖质，对改良土壤的理化性状非常有益。

有机质含量高的土壤有利于生产高品质的水果，所产果品耐储性高。但是对有机质含量高的土壤要注意土壤的供氮水平以及氮与其他营养元素的平衡状况。一般这种土壤的大量元素（氮、磷、钾）供给量较大，如果不注意这一点而施氮肥过多，会出现果实个儿大、果肉细胞密度小、果实抗不良环境条件的能力差、采后处理中易受伤等情况，其耐储性会明显降低；同时会影响对其他营养元素（如钾、钙）的吸收，导致果实储藏期发生生理病害。有机质含量低的贫瘠土壤易使果树生长期出现缺素症，原因是土壤中营养元素含量少或者有效性低。此类土壤上根系补施化肥的效果也会降低，这样果实发育容易受到影响，其中当对果品耐储性有明显影响的营养元素如磷、钾、钙等不足时，果实的含糖量、硬度等都会偏低。

有机质偏低的土壤要注意从栽植初期就补充有机质，有机质的补充方法有直接追施有机无机复混肥、腐殖酸液肥、农家肥的，也有采用地面生草压青或秸秆覆盖技术的。其中农家肥的来源在农村很广泛，如各种禽畜粪便、各种植物残渣、多年的沼泽土等，这些材料经过有效的堆沤发酵就可使用。

10．地形地势对果品储藏有哪些影响

果园地理位置的选择不仅要考虑大环境，还要注意所处的小环境，其中地形地势不仅决定了果树生长的小气候环境，同时也决定了土壤的一些特性。具体讲地形和地势主要会对树体的采光量、无霜期、生长期积温，土壤质地、土层厚度、土壤中矿物营养成分等产生影响，这些影响到果树生长的因素自然也会影响到所产果品的质量及果品的耐储性。

地势较高的向阳坡地果树接受的光照条件好，紫外线充足，排水良好，果品糖度高，着色浓，果实的保护组织发育好，此种地形地势不仅有利于果实品质的提高，更有利于所产果品的储藏。

对地形而言，如果是西北方向群山环绕的盆地，则有利于形成独特的盆地小气候，无霜期相对较长，积温高，有利于生产优质耐储果品。

相反，在地势低洼、背阴处种植的果树，所产果品含糖量低，果实着色不良，生长期短，耐储性差，同时此种地势还会因排水不良形成涝害。

在果园选址上相对而言要本着“首选上山不选下滩，首选向阳不选背阴”的原则。因为上山在天旱时可以采取一定的措施进行灌溉，下滩遇到水涝时人为很难降低地下水位，即使

采用起垄栽植，排水也相当困难，因为局部排水不能解决根本问题，水会从四周继续渗过来。首选向阳不选背阴主要是因为果树多为喜光树种，同时到目前为止能改善光照条件的人为措施相当有限，至于土壤条件人为采取一定的措施可以改良。

二、生产管理对果品储藏的影响

11. 为什么有人说套袋果实耐储藏，而又有人说套袋果实不耐储藏；如何做好套袋工作

有人说套袋果实耐储藏这是因为果实套袋后色泽艳丽，外形美观，能减少药剂污染，同时可以减少外界机械伤和微生物的侵害，对果实储藏有利，特别是带袋采收后直接包装的果实耐储性更好。

有人说套袋果实不耐储藏是因为套袋果实的保护组织不发达，据研究，套袋苹果的角质层仅覆盖于表皮上面，几乎不进入表皮细胞间，而不套袋果实的角质层一直进入表皮细胞间及其下面，同时不套袋果的表皮细胞膜比套袋果实的厚。通俗点讲，由于不套袋果实从幼果期开始就受到外界风吹、雨淋、日晒的影响，其自身外在保护组织的抵抗性会逐渐提高，成熟时这种抵抗性会明显高于套袋果实，可以有效地减轻采收时的轻微机械损伤，同时在储藏期间其失水速率相对要低。从这点讲不套袋果实较套袋果实有利于储藏。

果实套袋既要实现改善外观又要达到果实耐储必须做好以下几点，一是果实发育前期病虫害不重的果园适当推迟套袋时间，以促进果实保护组织的发育；二是在套袋前要对套袋果实的病虫害防治工作做到位，也就是不要将病虫套入袋内，否则不但不会增加收益反而会因套袋后药剂不能作用到果实而造成严重的损失，如引起葡萄灰霉病、梨粉虱病虫害等；三是对后期要拆袋上色的果实要安排好拆袋时间，最好选在上色最快的时间段进行，也就是光照充足温差较大的时候，避免在连续阴雨的天气条件下拆袋，以减少果实在田间停留的时间；四是对病虫害严重的果园，要在拆袋前有针对性地进行喷药，主要是针对在接近采收期可能会侵害到果实的病虫害，如葡萄灰霉病，拆袋前喷药可以降低田间病菌数量，为拆袋后的果实创造一良好的成熟环境，同时会减少入库果实所带病菌的数量。

12. 果树疏果对果品的耐储性有影响吗，如何进行疏果

疏果可以减少树体负载，使留下的果实在发育过程中获得充足的营养，从而增加果实中糖分、维生素等果实储藏物的含量，有利于果实储藏寿命的延长。葡萄疏果可以降低果穗的紧密程度，避免形成过紧的果穗，有利于在生长季把杀菌剂喷到果穗内部，减少病菌的为害；同时还可以避免果粒相互挤压部位的蜡质层的形成受到影响；松散的果穗在储藏中有利于保鲜剂气体进入到果穗内部，对果穗起到很好的保护作用，有利于果品的储藏。

果树的疏果一方面是通过疏花来实现的，另一方面是直

接疏除多余的果实。从理论上讲疏果不如疏花，晚疏不如早疏。就具体果树品种要根据品种特性，结合当地的气候条件和土壤条件进行安排，原则上在当地坐果率表现高的品种可以结合修剪，疏除过多的结果部位，开花前安排人工进行疏花工作。花期天气条件较为稳定的地区，可以疏除的重一些，具体数量可按历年的调查数据进行，如通过调查百朵花的坐果量和好果率，在合理单产的基础上再留出10%～20%的保险系数，然后以此为标准进行疏花工作。不同树种具体疏花的方法不同，原则上以疏除发育较迟、发育不良的花为主，如苹果主要留中心花，葡萄则根据花序发育质量进行选留，此外对葡萄还要在花前进行花序修整工作，如取副穗、掐尖。

疏果应在坐果稳定后马上进行，同时要求疏果工作在短时间内完成，以达到疏果的最佳目的。果实的选留要根据树体长势、结果枝的状况、果实的发育情况确定。原则上以壮树适当多留，弱树少留；壮枝多留，弱枝少留；先疏畸形果、各类伤果，留果形穗形端正、发育良好的果实。

13. 修剪措施对果品的耐储性有何影响，修剪时要注意的事项有哪些

果树修剪是果树管理中不可缺少的一项重要工作，对果树进行修剪可以减少果树负载，增加树体的通风透光性，合理分配受光部位，增进叶片光合作用，平衡树体生长与结果的关系，有利于果实上色，提高糖分含量，改善品质，从而提高果品的耐储性。

修剪分为冬剪(休眠期修剪)和夏剪(生长期修剪)，不同时期的修剪目的不同，冬剪重点是改善树形、平衡树势、合理

安排结果部位;夏剪重点是改善树体的通透性和光照条件、平衡枝条长势、促进花芽分化等。修剪措施合理会明显改善果实的生长环境,提高果实品质,如果修剪不当会对果品耐储性有不利影响。如休眠期重剪,会使枝条在生长季旺长,多发生的枝条与花和果实竞争营养,引起果实着色不良,品质差,不耐储藏。安梨(酸梨)在重剪时,果肉石细胞增多,果肉粗糙,食用价值降低。修剪过轻,果实小,品质差,也不耐储藏。

修剪时要注意的事项:首先对树体特性要有清晰的了解,如成花特性、生长特性等。其次要注意相关工作环节的配合,如冬剪与夏剪的配合。冬剪是果树修剪工作的重要一环,但是夏剪也不可忽视,夏剪可以说是冬剪意图的延续和对冬剪工作的修补,如抹芽、摘心、疏枝、扭梢等,只有冬、夏修剪相结合才能真正达到修剪的最终目的。最后不要只重修剪而忽视其他管理工作,如肥水、植保工作。

14. 施用生长调节剂的果品耐储藏吗

多数情况下一些催熟剂(如吲哚乙酸、萘乙酸、乙烯利等)能加速果实的成熟,但不利于储藏,如在苹果、梨、桃等果树采收前 1～4 周喷布 250～500 ppm① 的乙烯利能使果实很快变甜、变软,使成熟期提前,但果实不耐储藏。而一些抑制生长、延缓成熟的药剂(如比久、矮壮素、青鲜素、PP333 等)可以在一定程度上提高果实的耐储性,如对苹果喷布浓度为 1 000～2 000 ppm 的比久,能够提升硬度、增进着色。比久对红星、元帅等采前落果严重而果肉易绵的品

① 表示某成分的体积或质量分数为 10^{-6},下同。

种，有延缓成熟的作用。红星苹果盛花后 30 天、60 天喷布比久，可以促进果实色泽发育，使储藏寿命延长到 210 天；用矮壮素于采前 3 周喷布巴梨，可增加果实硬度，防止采前落果和果肉软化。红地球葡萄幼果期在果穗上喷施 0.1% 的噻苯隆可明显提高果实的耐储性，在冷藏条件下存放 3 个月后，果穗轴仍然鲜绿，新鲜度高，而没有喷施噻苯隆的则变为黄褐色，失去新鲜感。

用做储藏的果品在选用生长调节剂方面一定要做到，首先要小规模进行试验，成功后再扩大使用面积；其次要清楚生长调节剂本身不是灵丹妙药，它不供给树体任何营养成分（除了混配有其他肥料成分外）；最后使用生长调节剂时一定要在负载量、肥水等其他方面采取相应的措施，才能达到最佳效果。

15. 病虫害防治对果品储藏有哪些影响

生长期的病虫防治对果品储藏的影响主要有两个方面：一方面是防治工作做不好会造成大量病虫果，受病虫为害的果品失去储藏价值，同时病虫果随好果进入储藏库后会对好果产生不利的影响，病虫果一般呼吸强度高，储藏寿命短，变质较快，衰败后容易成为杂菌寄生的场所，一些具有侵染性的杂菌会侵染相邻的好果而造成更大的为害。另一方面是在生长季如果病虫防治工作做得不到位，一些病菌会在生长季对果实造成潜伏性侵染，被侵染的果实在田间不发病，在采后选果中也很难被发现，当进入果实储藏的中后期时，因果实本身的生理活性降低加之储藏期的潮湿条件有利于病菌的生长，会出现大量病果而造成严重损失。如葡萄灰霉病菌在生长季侵染果穗后，由于环境条件和果实自身的因素不利于病菌生长，病菌潜伏在果实受侵染部位，进入储藏库后，虽然低温有利于抑制病菌快速生长，但该种病菌仍可以在 0 ℃条件下继续生长，使受侵染果实慢慢变质，如果温度较高病菌会在包装箱内迅速生长扩散，造成为害。

一般储藏前期和中期发生的病害多为田间侵染或是田间病菌附着在果品上进入储藏库后在有利的环境条件下发生侵染，而后期多为果品进入衰败期后空间杂菌对果品造成的侵染。

对于果品储藏中易发或常发性病害首先要从源头抓起抓紧，也就是要做好田间病虫害防治工作，有针对性地对储藏期病害在田间侵染的关键期采取有效措施，这是控制储藏期病害的关键。其次要选择无病害或病害轻的地块上的果实用来储藏。包装中还要注意将外观异常的果品及时剔除。虫果一般会在果洼或果顶有蛀孔或脱果孔，病果常在表皮有变色的病斑。另外，为了保险起见，可以随机抽取一定数量将要入库的果品进行病害测试，也就是促使没有表现出受侵染症状的果品在短时间内表现出症状，方法是将实验果品采取与入库储藏果品相同的包装方式，只不过不采取防腐措施，而是将实验果品置于适合所测病菌易发生的环境条件下，以促使其快速发展。根据实验结果可以估计出入库果品病害发生的危险程度，做到对后期管理销售心中有数。最后要对入库的果品采取相应的防腐措施，同时做好果库温、湿度管理。

16. 药剂种类、浓度和配制方法对果品耐储性有哪些影响

在病虫害防治中选用的药剂种类和使用浓度会对果树的生长和果实的品质及耐储性产生影响，如防治葡萄东方盔蚧，使用氟乙酰胺 2 000～4 000 倍水溶液，可使葡萄提前 10 天成熟，糖分有所增加，会增强果品的耐储性；苹果喷布代森锌后，叶片嫩绿，果面光洁，品质提高，而代森锌会使葡萄果面蜡质损坏，不易储藏。在苹果中金冠、红玉、倭锦、秦冠等品种的幼果期使用波尔多液，苹果易受药害，会发生暗褐色斑，随果实增大，演变为锈斑开裂，局部发育停滞，果实畸形，影响果形美观和耐储性，降低商品价值。一些三唑类药剂如防治葡萄白腐病、白粉病、黑痘病的 40% 氟硅唑，如果使用浓度低于 8 000倍会对葡萄生长有抑制作用。

个别药剂有时会对不同的果树产生不一样影响，因此在选择药剂时要注意使用说明和适用范围，有疑问的地方要咨询当地技术人员。一般药剂都在登记作物上经过严格测试，有不良反应的会有所提示。

17. 氮肥对果品的耐储性有何影响，如何合理安排追施氮肥

氮肥是果树生长和保证产量的重要因素，也是构成树体各部分组织包括果实的重要结构物质。缺氮和氮肥过量都会对树体生长和果实生长产生不利影响，因此氮肥的施用量和施用时间要根据树体要求和土壤肥力而定。氮肥施用量大，

物质消耗大，果品硬度和糖、酸含量要明显偏低，同时与其他营养元素的比例会出现失调，容易发生生理病害，如施氮肥过多时，元帅、金冠果实风味淡，水分多，易发生虎皮病、红玉斑点病等。而氮素营养不足时，植株生长受阻、叶片失绿黄化，有效光合面积减小，果实质量会受到影响，造成果实偏小，发育不良，商品价值低，没有任何储藏价值。

果农在氮肥的追施上主要存在的问题是：① 偏重氮肥，忽视其他营养元素的补充；② 氮肥追施时间安排不合理。反映在果品储藏上主要是氮素在果实中超标或相对超标，造成果实耐储性下降，易在储藏期间发生各种生理病害。

解决这些问题的关键是要掌握好果树需肥规律和土壤供给状况。氮肥偏多时会影响树体对其他营养元素（如钾、钙）的吸收，因此要避免一次性大量施入单元素氮肥。多数果树对氮肥的需求，一般是在树体和果实生长高峰时最大，因此在此前的一周左右安排追施氮肥同时配合少量磷钾肥有利于果树生长。进入果实成熟期要严格控制氮肥，如果果实在成熟期有第二次膨大，配合后期钾肥的施用可少量补入氮肥。果实采收后应及时补入氮肥和磷钾肥，有利于树体养分的储存。

18. 钾肥对果品的耐储性有何影响，如何合理安排追施钾肥

钾与碳水化合物的形成、积累和转运有关，因此对果实储藏期呼吸底物的前身——淀粉和呼吸底物——糖的积累有着重要的作用。施用钾肥，能明显地促使果实颜色鲜艳和芳香类物质的形成，同时能促使果实长大个。钾不足，苹果颜色发暗，成熟度差，储藏中易萎蔫皱缩；葡萄则糖分低，味酸，色泽

度差，储藏期缩短。

钾可增加葡萄、夏橙等果品中的柠檬酸及苹果中的苹果酸含量，降低可溶性氨基酸和葡萄酒石酸含量，增加糖分含量。

另据相关研究，钾多时红星、金冠苹果的硬度下降，果实变软快，而磷可增加硬度，这可能与果肉细胞间的果胶质稳定性有关。

钾作为果树所需三大营养元素之一，对果树的生长发育、开花结果起着非常重要的作用。钾肥不足不仅会影响果品的品质还会影响到产量。果树对钾的吸收量在果树生长的不同时期差别较大，果树对钾的吸收规律以及果园土壤特性是科学合理施用钾肥的依据。果树对钾的需求主要集中在果树生长的中后期，也就是果实生长发育期，也正是碳水化合物形成和积累的主要时期。在农家肥中草木灰、鸡粪、羊粪的含钾量较高，缺钾果园在选择追施有机肥时可以优先选择这些肥料。单元素钾肥（如硫酸钾）的补充则要与氮、磷肥相配合，同时还要避免一次大量追施钾肥，以免影响树体对其他营养元素（如钙、镁、氮）的吸收和造成钾肥的流失，因为钾在土壤中的移动性较高，很容易随水流失，因此在追施钾肥时要根据土壤类型和果树根的分布灵活安排追肥深度。

19. 磷肥对果品的耐储性有何影响，如何合理安排追施磷肥

磷是在呼吸作用、光合作用及生殖器官如果实、种子形成中有重要作用的元素。土壤缺磷时，果实色泽不鲜艳、含糖量降低、酸味重、果肉带绿色，在储藏中易发生果肉褪变和烂果

等生理病害。磷肥过量会影响植株对锌、铁、硼、锰的吸收，从而也会影响果实的正常发育和果实的最终品质。

磷在土壤中的移动性较差，同时其有效性受土壤 pH 的影响明显，pH 低于 6.5 或高于 7.5 都会受到影响。因此在追施磷肥上除了考虑果树的需求规律外，还要对土壤的特性及磷肥的特性加以考虑。对磷的有效性低的土壤，要将磷肥与有机肥混合追施，并尽可能追施到靠近根系的地方。由于磷的移动性较差，磷肥的追施要适当提早于植株的吸收高峰期。果树对磷肥的需求主要是在花前及花后到成熟始期，需求量最多的阶段主要是在花后到成熟始期。含种子较多较大的果品对磷肥的需求量大。

20. 钙对果品的耐储性有何影响

钙元素参与细胞壁的形成，调节水合作用，具有重要的生理功能。钙在植物体内的移动性差。果实缺钙，会导致采后代谢失调，主要表现为各种生理病害，使果实品质变劣，不耐储存。苹果缺钙，易患苦痘病、水心病、红玉斑点病等。

此外，钙能减少乙烯的生成，使果实的后熟推迟，增加耐储性。钙是一种膜保护剂，果实中有充足的钙，可保护膜不易被分解，延缓果实变绵和衰老的过程。在储藏过程中，果实中钙浓度高，果实的硬度就大，果实的呼吸强度就低，释放乙烯量就少，储藏寿命相对较长。

但要注意，过量施氮会抵消钙的有益效果，保持土壤中较低的氮、钙比例是十分重要的。因为氮素过多，会导致枝叶徒长，与果实争钙，而减少果实中钙的含量。

21. 如何根据果树的需钙特点合理施用钙肥

苹果有两个吸钙高峰期:一是花后 4～5 周内。此期吸收的钙素在成熟果实中大约占 90%以上,如果此期吸钙不足,就会导致果实缺钙。同时此期也是枝叶旺盛生长期,若枝叶生长过旺,就会与果实争钙,而造成果实缺钙。二是采前 8～10 周。生长后期和采后对苹果进行钙处理,能够显著提高果实的耐储性和减少苦痘病的发生。在生产实践中适当晚采也能提高苹果的耐储性,这可能与后期果实对钙的吸收有关。

根据树体对钙的吸收特点,可以在花后进行土壤施钙或树上喷钙,以提高果实中钙素含量。盛果期土壤施钙量以 0.5～1.1 kg/株为宜,或在花后 4～5 周内叶面喷布 0.1%～0.3%的 $CaCl_2$ 溶液,次数为 2～3 次,每次间隔 1 周。在采前 2 个月叶面喷布 0.5%的 $CaCl_2$ 溶液 2～3 次,每次间隔时间为 1 周,或采后用 $CaCl_2$ 溶液浸果,浓度为 4%,浸 3～5 分钟。这样能明显地提高苹果储藏中的果实硬度,降低呼吸强度。同时要注意在花后均衡施用氮肥,也可喷布比久等,抑制枝叶生长,提高果实内含钙量。

对于葡萄,可于葡萄生长前期、幼果膨大期和采前 1 个月叶面喷施。由于钙在葡萄树体内的移动性差,因此要采取多次叶面喷施的方式。

另外,需要注意,由于果树对钙的需求量较大,为了提高树体从土壤中吸收的钙的数量,土壤补钙要从追施钙肥和土壤改良两方面采取适当的措施,例如,可在土壤中追施过磷酸钙或硝酸钙,对偏酸性缺钙土壤则可追施生石灰,同时对土壤增施有机肥进行改良。对于树体严重缺钙的果园叶面喷施不能解决根本问题，只有改善根系对钙的吸收才是长久之计。用做生产储藏水果的果园更要重视根系补钙和根系对钙的吸收利用效果。

22. 浇水多少对果品的耐储性有哪些影响

增加灌水量在一定程度上可以提高果实产量，但是在果个儿增大的同时，果实含水量增高，含糖量会降低，果实品质会下降，从而不耐储藏。山地或丘陵地带灌水较少的果园，虽然产量较低，但果实风味浓，糖分高，耐储藏。

苹果的苦痘病、红玉斑点病也都与土壤水分状况有密切关系，降水多的年份，苹果苦痘病发病严重；降水少的年份发病较轻，干旱年份发病极轻。幼果期（6 月份）和果实采收前（9 月份）降雨量大而集中时，苦痘病将严重发生。

采前几周出现干旱，会导致桃个头小，产量低，品质差；而供水过多时，又会延长果实生长期，果实颜色差，不耐储存。

采收前灌溉会大大降低果实品质，晚熟的国光和大国光还易裂果，给储藏造成困难。而鸭梨采前适当灌水会促进鸭梨果实增大，品质变优，灌水标准以保持根系土壤手握成团不出水、落地不散为宜。

因此，果园的浇水时间、浇水量要视树种和品种的特性而定，不可千篇一律。

23. 怎样判断果树是否缺少氮、磷、钾

植株缺氮常表现为生长受阻，叶片失绿黄化。由于氮在植株体内的重新转化能力和移动性较强，在缺乏时可从老龄组织向新生组织转移，因此植株缺氮时通常会较早表现为老叶失绿，枝叶、果实生长缓慢，叶色浅。苹果、桃、柑橘对氮敏感，氮过剩的同时会引起其他营养元素失调，导致树体旺长，果实品质下降。

植株缺磷常表现为叶片较小，叶色暗绿，果实小，产量低、果实成熟期推迟等。一般缺磷对开花结果的影响要早于对枝叶生长的影响。磷过多时果实着色不良，果实中糖、酸、维生素 C 含量下降。桃、幼龄苹果对缺磷敏感，梨可耐受较低的磷水平，柑橘类对磷过多敏感。

植株缺钾时植株的抗病力、抗寒力降低，症状常表现为老叶从叶尖和叶缘开始黄化，严重时有坏死斑点，有时叶缘焦枯。核果类与浆果类比仁果类果实对缺钾敏感，葡萄缺钾易得水罐子病。钾过量时会影响果实对氮、镁、钙的吸收，易发生生理病害，柑橘果皮会变厚。

三、果品采后的呼吸作用对果品储藏的影响

24. 果实储藏过程中为什么要控制果实的呼吸作用

果实储藏过程中，最主要的生理活动为呼吸作用。果实的呼吸作用实质上是细胞组织中复杂的有机物质在一些酶的作用下进行有氧或缺氧分解，同时产生并放出能量，以维持果实采后的生命活动。果实会因呼吸作用逐渐衰老腐败。

果实的呼吸作用可分为有氧呼吸和无氧呼吸。有氧呼吸是在充足氧气的参与下，将果实中糖和有机酸分解成二氧化碳和水，同时释放出一定数量的热量，以供给果实的生命活动。

无氧呼吸是在缺氧（即氧气浓度小于 2%）的条件下，将糖等分解成酒精、乙醛和乳酸，并放出热量。无氧呼吸分解产物不彻底，产生的有效能量少，同时所产生的副产物会对果实的细胞组织产生毒害作用，影响果品的正常储藏。

果实呼吸的两种形式，均会产生热量，使果品温度升高，进而促使呼吸作用加强，加速果品的衰败，甚至腐烂，因此在果品堆放中要加强通风散热，降低果品温度，减弱果实的呼吸强度，同时避免形成无氧呼吸。

果实的呼吸作用对储藏的有利方面表现为能维持果品的生命活动，增强果实对病害的抵抗力；不利方面表现为消耗水分、糖、酸、维生素等营养物质，导致重量减轻和组织衰老，放

出热量和二氧化碳而改变储藏场所的环境条件，反过来又影响果品的储藏状况，缩短果品的储藏期限。

因此，在储藏中通过控温、控湿、控气来合理控制果实的呼吸作用，削弱它的有害影响，是制定储藏管理措施的重要理论依据。

25. 如何能将有氧呼吸控制在最低水平又避免无氧呼吸的发生

果实的呼吸强度取决于果实本身的特性和外界的环境条件，外界环境条件对呼吸作用有影响的主要是温度、氧气和二氧化碳浓度。由于对氧气和二氧化碳浓度的调控，受制于农村现有的储藏技术水平和技术手段，因此温度成为储藏中首要的调控因子。在温度控制上将果品以及储藏环境温度降到不产生低温伤害的最低温度，可使果品的呼吸速率明显降低。该温度因所储果品的特性有所变化。在该温度条件下果品的生理活性也会很低，对能量的需求相对也少，果品的储藏寿命长。严控温度、适度通风会使有氧呼吸处于较低水平，又避免无氧呼吸的发生。

如果将氧气、二氧化碳浓度的调控和温度的控制结合起来，对果品呼吸作用的控制效果会更好，特别对一些呼吸跃变型水果如苹果、梨、桃、杏、李、油桃、香蕉等，这种方式称为气调储藏。气调储藏要求对氧气、二氧化碳浓度的测定要准确，并且要求有相对密闭的储藏环境和专业的仪器设备。

26. 果实的田间热和呼吸热对果品储藏有哪些影响

当果实从树上摘下来后，本身带有大量的热量，这些热量在储藏上称之为田间热。田间热在储藏前后逐渐释放出来，以使果温降低。若将带有田间热的果品入库，会使库温快速升高，不利于果品储藏，因此必须使田间热释放出来后再入库储藏。

田间热的大小受采收时环境条件影响较大，气温高、太阳照射的果实由于体温高，需要释放的田间热就大，储前降温过程长，耗费多，而且入储前呼吸强度高。因此果品的采摘时间最好选择在清晨或气温较低的下午，使采下的果品体温尽可能地低。另外，要利用有利的自然条件对采摘下的果实及时进行自然预冷或入库预冷，以尽可能小的耗费和在短的时间内将果品自身温度降到适合储藏的温度，这样不仅能减少此段时间果品自身养分的消耗，同时还能达到抑制有害微生物侵染的作用。当果实整体温度(包括果实内温度)达到入储要求的温度也就是接近储藏温度时，就证明田间热已经释放完全。

果实在酶的参与下进行呼吸作用并将复杂有机物分解成简单物质时，会释放出能量，这些能量一部分用于果实本身，一部分转化成热能散发到环境中，这种热称之为呼吸热。

果实的呼吸热，与储藏温度密切相关。一般来说，储藏温度越低，呼吸作用越弱，呼吸热越小，所以在储藏中，要尽量使库内温度接近于果实最适储藏温度。

果品储藏中产生的呼吸热要及时排出，以避免引起储藏环境温度的大幅度波动或储藏环境温度的上升，影响果品的储藏效果。

四、果品特性与果品储藏

27. 相同树种不同品种间耐储性有哪些不同

相同树种不同品种之间，果实的耐储性是不同的，原因是同种果树不同品种间果实的特性不同。一般来说，在高温条件下成熟采收的早熟品种，耐储性差，而冷凉低温条件下成熟采收的晚熟品种，耐储性强，因为早熟品种果实发育期短，内含营养物质相对较少。还有就是与采前一段时间的气温有直接关系，同一地区早熟品种采前气温高，果实若放于高温条件下，呼吸作用加强，易于腐烂；若放于低温条件下，果实易发生冷害、冻害等而形成损失。而晚熟品种采前气温逐渐降低，果实采后放在低温条件下，呼吸强度可有效地得到抑制，储藏期相对较长。

苹果：早、中熟品种如黄魁、早金冠、伏锦、金光等品种耐储性差；中、晚熟品种，如金冠、元帅、红星、红冠、红玉等，在通风库中储藏期短，而在气调库和冷库中，可储到翌年3—4月份；晚熟品种如青香蕉、国光、富士、鸡冠、印度、秦冠、胜利、红国光、香国光等是最耐储的品种，尤其是国光，可储到翌年5—6月份。

梨：鸭梨、雪花梨、蜜梨、秋白梨、长把梨、山东博山池梨、陕西镇巴七里香梨、兰州冬果梨等是品质好又耐储藏的品种；

陕西大荔、彬县的遗生梨，河北的安梨（酸梨），山西的黄梨、油梨、笨梨等，石细胞多，肉质较粗，含酸量大，但极耐储藏，储藏后品质变佳；西洋梨系统中的巴梨、茄梨和日面红，以及秋子梨系统中的京白梨和广梨，品质不仅粗糙，也不耐储藏，但通过改善储藏条件，采用适当的储藏技术，也可储到春节。

葡萄：龙眼、玫瑰香、紫玫瑰香、李子香等晚熟品种耐储藏；巨峰、先锋、黑奥林、牛奶等中熟品种耐储性稍差，储藏期内易脱粒；乍娜、红伊豆等葡萄中的早熟品种极不耐储藏。处于适栽区的晚熟品种可储存 4～6 个月，如龙眼、玫瑰香可储到翌年 3—4 月份，主要与其生长时期长、有机物积累多、含糖量高及采收期所处的气温低有关。

桃：大多数品种采收后只能存放几天，也有的可储 1 个月，如采时硬度大的大久保、深州蜜桃、白凤等。一些中、晚熟品种耐储性稍强，如河北深州的魁桃，山东青州的蜜桃，陕西、河南的冬桃是较耐储藏的品种。

28. 树龄和树势对果品的耐储性有哪些影响

果树的树龄和树势对所产果实的品质和耐储性有一定的影响，一般来说，幼年树、生长过旺的徒长树及过分衰老树，果实品质较差，耐储性也差；而盛果期树、长势中庸的树，果实品质较好，耐储性也好。

进入盛果期的树，在结果过多、肥水管理跟不上时，果小，色泽、风味差，耐储性也相应下降。高产树由于大肥、大水，果个儿虽然大，但味淡，颜色差，也不耐储藏。

幼树上苹果果实一般大小不一，果实内氮和蔗糖含量高，耐储性差，容易发生苦痘病，萎蔫较快，其他生理病害也多。苹果储藏中苦痘病发生的表现是：幼树比大树严重，旺树比弱树重，大果比小果重。

29. 结果部位对果实的耐储性有什么影响

着生在同一树上而不同部位的果实，其大小、颜色、化学成分、营养物质积累、保护组织的形成都有所不同，耐储性也有明显差异。如苹果着生在树冠内部、下部及北面的果实，因光照不足，果实色泽不艳，风味欠佳，耐储性也差；相反，着生在向阳面、树冠外部和中上部的果实，因通风透光良好，果实着色好，糖度高，储藏中也不易萎蔫皱缩。

被树叶遮盖的苹果与直接受阳光照射的苹果相比，前者干物质、总酸、还原糖和总糖量低，而总氮量高。内膛果含钙量低，外部果含钙量高，因此在普通冷库中，背阴部位生长的果实腐烂率高。

着生在树冠外围和顶端的红色果实与生在树冠下部和内膛的青色果实相比，前者乙烯含量要低，尤其是中干先端的红色果实，乙烯含量更低。如在盛花后155天采收的果实中，下部第一分枝着生的果实，平均乙烯含量为23 ppm，中干先端着生的为1 ppm，这说明树冠内膛着生的小果和青绿果，比外围着生的大果和红色果有较高的乙烯浓度。所以，绿的、外观上不成熟的果实比红的、外观上成熟的果实，在生理上更活跃，因而树冠内膛青绿色的果实不耐储藏。

30. 果实大小与果实的耐储性有何关系

一般来说，同一品种的果实，大果不如中、小果实耐储藏，如个头大的国光苹果比个头小的果实发生虎皮病的比率高，其他生理病害也是大果出现得早而多，且大果硬度降低比小果快，易于失水皱皮。这与果实内的总氮/总钙的比值有关，果实的个头大，总氮/总钙值大，钙含量相对减少，浓度被稀释，因而易于得虎皮病和苦痘病；果实个头小，总氮/总钙值小，钙含量相对增加，发病的机会就少。

五、果品的采摘、包装、分级与储藏

31. 什么是果品的可采成熟度、食用成熟度和生理成熟度

果品的成熟度分为可采成熟度、食用成熟度和生理成熟度。可采成熟度是指果实已完成了生长和营养积累过程，并表现出该果实特有的外观性状，这时有的果品还达不到最佳口感，但适于进行储藏，这个时期采摘的果品储运寿命最长，如用于储藏的苹果、梨等，这时就可进行采收。食用成熟度是指果品达到该品种的特有外观和最佳口感。生理成熟度是指种子已经充分成熟，果肉开始软绵或崩溃，此时不适于食用，更不适于运输或储藏，只适于采种。

32. 如何判断果品的成熟度，用于储藏的果品其采摘时间如何确定

判断果品的成熟度和采摘时间可以从以下方面考虑：

(1)果实的大小和颜色。果实体积增大到一定程度就逐渐停止，这时果实个头达到最大，有色品种开始显现该品种的颜色，幼果期的绿色逐渐消退，果品呈现出本品种的特有色泽，用于储藏的果品这时可以采收。

着色果品的可采成熟度主要以颜色为参考标准，像葡萄中的皇后和红地球在其果粒表面呈现该品种固有颜色的面积达到85%～95%，同时该类果粒占到果穗果粒数的95%以上时就可采收；苹果中的首红品种则要求果实成为紫红色，皇家嘎拉要求红色面积达到60%以上；李子中的安哥里诺则要求95%的果面呈紫黑色。

(2)也可将果肉颜色作为判断部分水果可采成熟度的标准，如李子中的安哥里诺品种，当其纵切面果肉变成淡黄色的面积占到30%时就可采收。

(3)糖和酸的含量也可作为判断果品成熟度的标准，如葡萄的糖度和酸度或糖酸比是确定可采成熟度的重要依据，特别是一些无色葡萄品种像白玛奶、意大利、优无核等。

(4)果实的硬度。主要针对苹果，特别是易发绵的元帅系品种，当其硬度开始下降时则说明果肉细胞中的原果胶开始分解，果实成熟度增加，呼吸强度增大。李子、桃、梨等的成熟度也与果实硬度密切相关。

(5)果实的发育期也是判断成熟度的标准。因为在气候条件和管理措施相近的情况下，同品种果实的发育期相近，同

时也相对固定。

(6)果柄脱离的难易程度。在果实成熟时,果柄与果枝间形成离层,如果将果实轻轻提高或揪动即可脱落就表示成熟,如苹果、梨、桃、杏等。

(7)种子颜色和果粉。随果实成熟度的增加,种子颜色和果粉也发生变化,成熟的果实,如苹果种子为深褐色,梨为黑色饱满,同时果实表面果粉生成,并有一定光泽度。

(8)淀粉减少。苹果果实在成长过程中,淀粉随幼果的增大而逐渐积累,到果实成熟时,淀粉又逐渐转化为糖,淀粉含量降低。因此,可用碘化钾涂在水果横断面,使淀粉染成蓝色,根据其存在部位和多少来判断果实的成熟度。当果心呈蓝黑色,而果肉呈蓝色时说明果实开始成熟;当果肉的染色蓝色消失时,说明果实已充分成熟。因此,准备做长期储存的苹果宜在果肉呈蓝色,而果心蓝色消失时采收。

33. 果品采收后如何进行催熟

未成熟的果实采收后,在自然条件下的后熟是非常缓慢的,若采用人为措施,调整果实后熟期间的环境条件,则能加速后熟的速度,缩短后熟时间,这个方法叫催熟,一般的催熟方法有三种。

(1)乙烯和乙烯利催熟。乙烯是良好的果实催熟剂,它在果实内的流动速度极快,施在局部会迅速扩散到全部水果,会使绿色减少、糖度增加,但乙烯不易取得,在生产中常用乙烯利。乙烯利是乙烯释放剂,在常温下就可以分解放出乙烯,当果实喷布乙烯利后,乙烯利在果实组织内部移动,并在果实内部分解,释放出乙烯,起到催熟果实的作用。喷布乙醇(酒精)、醚、丙烯等有同样作用。乙烯对果实的催熟,只是对有呼吸高峰的果实(如苹果、梨)等起作用,而对没有呼吸高峰的果实如葡萄、柑橘,则无催熟作用。

研究表明,随着果实的成熟,果实内部乙烯的形成量随之增加,直到果实的呼吸量达到最高点。有呼吸高峰的果实如苹果、梨等乙烯的形成量多,而无呼吸高峰的果实如葡萄、柑橘,即使在成熟后期,乙烯的增加量也不大。

(2)高温催熟。高温能加快果实的呼吸作用,使果实内淀粉水解,加速果实的成熟、衰老,国光苹果在 18 ℃下储藏 1 天,同在 0 ℃下储藏 10.4 天一样都能达到完熟期。

(3)增加环境中氧气浓度,提高果实呼吸强度,如红星苹果,在 2～15 ℃含氧 21%条件下,储存 120 天,果实硬度降为 4.13～4.63 千克/平方厘米;而在 2%～4%氧气浓度下,果实硬度为 6.4 千克/平方厘米,证明高氧能促进果实成熟。

34. 哪些生长调节剂和化学药剂可控制果实成熟

(1)赤霉素。可延迟香蕉的完熟期。其作用是降低呼吸强度,推迟呼吸高峰的出现和延迟变色。但对梨无作用。

(2)青鲜素。2 000 ppm 的青鲜素加 0.1%的托布津洗果,可抑制柑橘的呼吸强度,减少柠檬酸、单糖和全糖的消耗。

(3)比久。采前对苹果进行比久处理,可提高生长期间苹果果实硬度,并使之在储存期也维持较高硬度,使呼吸高峰推迟,呼吸强度降低。

(4)2,4,5—TP。可促进桃的完熟而延迟葡萄的完熟,这是因为 2,4,5—TP 可抑制葡萄的氧化反应,而促进桃中的氧化反应。

(5)萘乙酸。用 100～250 ppm 的萘乙酸喷施葡萄果穗，有保持果梗新鲜、防止脱粒的作用。

(6)乙烯发生抑制剂。如丁烯酸的衍生物及其类似物能抑制果实和其他植物组织产生乙烯，这些酸能发生作用是由于在乙烯生化合成途径中，对蛋氨酸的利用起抵抗作用，这些抑制剂能够抑制衰老和病态发生，因而可以延长采后果实的寿命。

35. 果品的采收方法有哪些，采收果品时应注意哪些事项

果品的采收方法有人工采摘和机械采摘两种。用于储藏的果品宜采取人工采摘，而不适合机械采摘，因为这样可以有选择地进行分批采收，同时还可以有效地避免机械损伤。

人工采摘分手摘和剪采。手摘是将果实托在手掌内轻轻转动并向上托起采下果实。

采摘后直接分级装箱的果品，采摘时采摘人员最好戴手套，以防指甲伤到水果，并可减少果粉的损失，同时也可避免在果面上留下不雅的手印。

对要求有果柄的果品如苹果、梨要注意采摘方式，对果柄容易脱落的品种，在手掌托住果实的同时可以用手指护住果柄，摘下后放入临时性采果袋(筐)内，然后集中到田间周转箱。

采收双果或多果时，宜双手采摘，防止果实脱落，采果动作要轻，采下后轻放于采果篮内或袋内，以免碰伤。

对不易采摘的果实如国光，更应注意连同果柄一块采下。

无柄的果实不仅果品品质会降低，而且易感染储藏期病害，发生腐烂。

剪采葡萄时要注意剪刀尖部要磨钝，以免在疏果过程中刺伤其他果粒。果穗剪下后疏除伤果、病果、畸形果后再放入田间周转箱，注意只放一层。

果实要分期分批采收，同一品种先采高燥地，后采潮湿地。先采果园外围、路道及迎风面的果实，做到先成熟先采收，成熟一块采收一块。

采果应选择适宜的天气，苹果、梨最好在温度较低的晴天早晨，露水干了以后进行，若在气温较高时进行，会造成果温高，呼吸作用强，降低储运品质；若在雨露天进行，果面水分过多，易滋生病害。

葡萄采摘时间最好选择无露的清晨或多云的天气，在果实自身温度较低时进行，这样呼吸、蒸腾较弱，采后预冷速度快，有利于储运。葡萄对采前降雨有特殊的要求，因采前降雨极易引发灰霉病侵染果穗，被侵染的果粒一般在 3 天后才表现症状，为在采摘时能有效地区分出病果，降雨前未采收的葡萄最好在降雨 3 天后进行。

采摘时用于临时存放果实的果袋(筐)、田间周转箱与果实的接触面要光滑柔软，特别是果实弹性差的果品，如苹果、梨、桃等。

采下的果品如不能从田间及时运走要注意对其进行遮阴处理，暴露于阳光下的果品失水严重、呼吸强度高，储藏寿命和销售质量将会大大下降。

田间周转箱的运输工具要平稳，道路要平坦，防止运输过程中出现颠簸，造成果实间相互碰撞和摩擦，引起果面的细微损伤。

36. 如何制作采果筐

山东果农采收苹果、梨、桃等果品时使用的安全采果筐，筐底是活动的，果实可由筐底缓缓漏入周转箱，以减少果实碰伤。其构造为：用细柳条编制无底半圆形筐，内长 24 厘米，宽 19 厘米，高 29 厘米；筐底用布做成，布长 88 厘米，宽 46 厘米，先把布缝成圆筒形，然后把上口缝于筐的下缘，下口缝上两个铁环，两个环挂于筐上口的钩上即可成筐底。采果筐要求轻便、牢固、内衬麻布等，防止果实碰伤，筐上有钩可挂于树上，筐的大小以可以装果 7.5～10 千克为宜。

37. 果品储藏前如何分级

果品分级就是根据果实大小、色泽、形状、成熟度、病虫害及机械损伤等情况，按照国家规定的内、外销分级标准，进行严格挑选，以便对不同质量的果实采取不同的处理措施。通过分级，可使果品规格、品质一致，便于包装、储运和销售，实现果品生产、储存和销售的标准化。

传统的果实分级，对果型较大的果品，如苹果、梨、桃等通常分成 3～4 个等级，以果实横径的大小为标准；对小而软的果实，如葡萄、樱桃等可分为 2 个等级，葡萄的分级以果粒大小为主，兼顾果穗大小和颜色。

传统的果实分级标准比较粗略简单。随着果品外销量的增多和进口水果的增加，现在我国果品分级在向国际市场的标准靠近，不再是简单的按果个大小、着色浓淡分级，而是因果品种类和品种的不同执行可以用数字衡量的标准。这样同类果品的不同品种的分级标准可能就存在很大差异，例如苹果中的元帅系品种和红富士等着色品种会有不同的色度比例要求，而葡萄分级时对果形不同的品种在尺寸要求上也有差别，如火焰无核葡萄（果粒近似为圆形）在分级上以横径为分级依据，而汤姆逊无核葡萄（果粒近似为长椭圆形）在分级上不仅对果粒横径有要求而且对纵径也有要求。

进入分级筛选的果实首先要符合最基本的要求，如无病虫伤，外观能体现该果品的特性，销售时口感符合消费者的要求。对没有分级依据的品种可根据该品种在正常生产条件下能达到的平均水平，以几个易操作的指标为分级依据，通常以果实大小（尺寸或重量）、果实着色度为依据，其他要求可参照特性相近的品种。对在市场上有通用分级标准的果品主要指标最好以通用标准为依据，次要指标可做适当调整。

分级时，可用目测，也可借助果实分级板或分级环，果实分级板构造：在一长方形光滑木板或塑料板上刻几个直径不同的圆孔，依次将孔直径增大，分级时，将果实平放于孔中，根据大小，确定级别，在用分级板分级时，不能斜放或横放，也不可从孔中挤过，以免擦伤果皮。也有的采取机械分级（以果实重量），主要对果型较大的果品，而像葡萄这类浆果型果品则主要借助分级环采取人工目测分级。

38. 用于储藏的果品可以采用哪些内包装材料

果实进行合理包装可以减少运输、储藏、销售过程中的相互摩擦、挤压、碰撞等造成的损失；可以减少水分蒸发，延缓萎蔫；另外，在销售中还可以吸引顾客，从而提高果品的商品价值。具体的包装材料有：

(1)衬垫物。在装果之前容器内要衬入衬垫物,以隔开果实和容器壁,防止碰撞,同时可以防寒、保温和保持清洁。

衬垫物要求洁净、干燥、无异味、柔软,如蒲包、草帘、纸张、泡沫垫和塑料袋等。

(2)填充物。在装完果后,要放入填充物,防止果实之间以及果实与器壁间碰撞拥挤。填充物要求干燥、柔软、不吸水、无异味、无病虫等,常用有稻壳、锯屑、刨花、干草、纸条等。

(3)包装纸和塑膜袋。果实包装纸起填充物作用,减少果实的滚动,并减缓病原菌传播和水分蒸发,使果实保持一定的湿度和温度,有利于储藏,是目前常用的办法。

包装纸要求质地柔软、光滑、干净、无异味,多为具有韧性的薄纸,如麻纸、毛边纸等。若用经过药物处理的包装纸,还有防止病害的作用。而用塑料薄膜包装袋,对果品保温、保湿及调节微环境的气体成分均有显著效果。

(4)果托。是根据果品形状在有弹性的硬质纸板上压制多排凹形果位,起到分层分隔果实、同层固定排列的作用,适合苹果、梨、桃和李子等果个较大易受伤的果品。

(5)泡沫网袋。用泡沫网袋对大型、硬肉、易伤果品进行单个包装,可以起到填充物的同等作用。

此外,一些果品的包装箱内还要放置保鲜材料和防护材料,如葡萄包装箱内不仅装有保鲜药剂而且在袋内还装有缓冲垫和吸水纸。

39. 果品储运采用的外包装材料有哪些,使用中要注意哪些事项

果品储运中传统用外包装如柳条筐、荆条筐、竹筐或篓筐

等已经被淘汰，现都已改用精美的纸箱、泡沫箱、钙塑箱、木质箱和塑料箱等，不同材质的包装箱各有特点。

纸箱在果品包装中占主导地位，因其具有可折叠、重量轻、空包装占用空间小、使用方便、承压力较强、外观设计多样等优点，很受果品生产者和消费者喜爱，不足之处就是抗湿性能差，如用于易失水的果品，则要采取纸箱表面涂蜡措施或对果品进行防水塑料袋包装。

纸箱外侧根据果品特点可设计成多种精美的图案，以吸引消费者购买。根据果品的特点纸箱装果的层数会有所不同，果实抗压性差的多设计为单层装，如猕猴桃、葡萄；抗压性强的如苹果、橙、李子则采用多层装。多数果品以果实净重来定箱体规格，如葡萄有 2.5 千克手提箱，有 5 千克扣盖箱。也有以果实个数来定包装规格的，如苹果，以果实个数来装箱，每箱净重 20 千克左右，小型果皇家嘎拉分为 216，198，175，163，150，138，125，113（是指装箱的果实数量）；而大型果首红分为 175，163，150，138，125，113，100，88，80。

泡沫箱和木质箱常用来包装要求储藏环境湿度高、抗外界压力差的果品，如葡萄。这些包装占用空间大、外观单一，但因其抗水性和对果品的保护作用要比纸箱高，所以在肉质较软、抗压性差、要求湿度高的果品包装中占有一定的份额。

钙塑箱具有泡沫箱和木质箱的抗水性，也有纸箱的可折叠性。抗压力较强，适合用于多种果品的储藏包装。白钙塑箱映衬的果品色泽更鲜艳。箱体外层可采用加贴纸质装饰图来美化，这与泡沫箱和木质箱相同。

在包装箱设计方面，箱体尺寸的大小特别是长和宽要考虑到运输工具的大小、所装果品的大小及在储藏中的码放形式和码放用托盘的尺寸，包装箱高度则要考虑所装果品的层数及其高度。包装箱设计还要考虑箱体开孔的位置和大小是否适合预冷和储藏期间果品释放热量。另外，对箱盖的开启和扣合及人工搬运操作的便利性也要加以考虑。

果实装箱的原则是在运输中不要发生挤压、滚动。圆形容器要求同心圆排列，长方形果箱可成行排列，要求层次分明，对肉质较硬的果实如苹果、梨可装 4～5 层或 6～7 层，对葡萄只装 1 层。装好后上面铺垫软草或纸条，加盖封口，标明产地、品种等级、质量、采摘包装日期等信息，出口果品还会有产地注册号。

六、果品储藏的技术措施

40. 果品储藏前为什么要预冷，在预冷和储藏中如何减轻因降温带来的负面影响

果品预冷目的是在尽可能减小损害果实品质的前提下，将果实的温度尽快降到适合运输或储藏的标准，达到消除田间热，降低果品的呼吸速率，控制有害微生物生长的目的，保证果品的最佳储藏运输期。果品采后储运中的温度在很大程度上决定了果实腐烂的速度和市场潜在寿命，如 32 ℃条件下的葡萄，其 1 小时的衰变量要多于在 4 ℃条件下 1 天的衰变量，或相当于在储藏温度 0 ℃条件下 1 周内的衰变量。也就是说 32 ℃条件下的葡萄不经降温处理采下后放置 1 小时，相当于缩短其在 0 ℃条件下 1 周的储藏时间。其他果品如苹果

的呼吸强度也会随着温度升高而增加。

同时随着果实温度的降低部分有害微生物的活性和生长速度会大大下降，虽然有些病原物（如灰霉病菌、蓝霉病菌）可以在 0 ℃的条件下继续生长，但其速度相对要慢很多。

果实在预冷降温过程中通常会失水，特别是采用空气对流的方式（图 1）。如何在快速降温过程中减少果实的水分损失也是果品预冷关注的重点。对鲜食葡萄采用两种不同的预冷和处理方式发现：

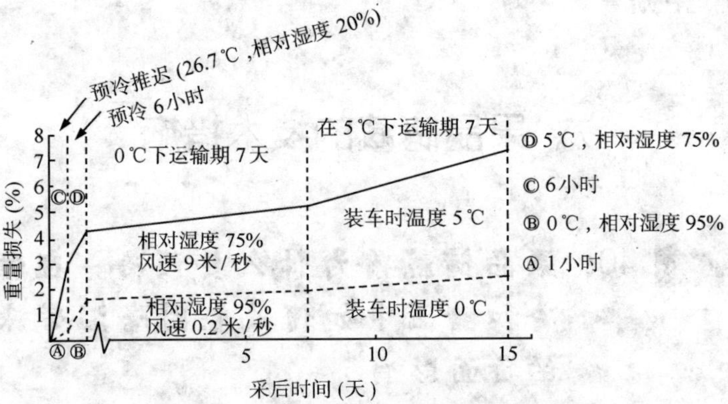

图 1　鲜食葡萄在两种不同预冷和处理过程中的重量损失

下面的线代表接近理想的条件；上面的线代表不佳的处理效果

（1）暴露于温暖干燥条件下，葡萄每小时的失水量是在高湿低温冷库中 7 天损失量的 2 倍。

（2）预冷期间采用低温湿润的空气可以适当减少水分损失，并能将果实降温到理想的储藏温度或运输温度。

（3）适合的储藏条件（葡萄冷却到储藏温度附近后，降低空气流速并对库内空气加湿）能在 3 天或 4 天内减少果实失水 0.2%。

(4) 冷却到 0 ℃后在 4 ℃运输的重量损失少于冷却到 4 ℃进行运输的损失。

因此在预冷过程中一定要控制好冷气的相对湿度,及时采取增湿措施如使用机械加湿机、地面洒水、挂加湿的麻布、库壁选用防水材料等。利用夜间冷空气自然预冷要掌握好通风时间,注意果品的堆放方式要有利于散热。温度达到要求后要及时做好封闭保温保湿工作,避免不必要的空气流动。

41. 果品预冷的方式有哪些,各自的优缺点是什么

果品常用的预冷方式有风预冷和水预冷。风预冷又分为强制通风预冷、自然通风预冷和库内通风预冷;水预冷又分为浸没方式和淋洗方式;

强制通风预冷的优点是预冷速度快,单位预冷空间内的预冷效率高,因此又被称为“快速预冷”;缺点是果品易失水,同时对包装设计有特殊的要求。

自然通风预冷的优点是耗能低,设备投入少;缺点是果品预冷速度慢,单位预冷空间内的预冷效率低。

库内通风预冷的优点是果品包装码垛后不用二次搬动,不易失水;但预冷速度慢。如果对包装好的果品采取敞口预冷,预冷速度会较快,但占用的空间大,而且耗费人工较多。

水预冷的优点是果品不会失水,同时对有轻度失水的果品有补水作用;缺点是设备投入资金多,对预冷水的要求较高。

42. 什么是强制通风预冷，强制通风预冷有哪些要求

强制通风预冷，就是通过人为控制预冷气体的流动，来实现对包装好的储运果品快速降温而采用的一种预冷方式。根据气体流动的形式又可分为通风道预冷、回旋预冷、冷墙预冷。这几种方式的工作原理见图 2、图 3 和图 4。其中通风道预冷较为常用。

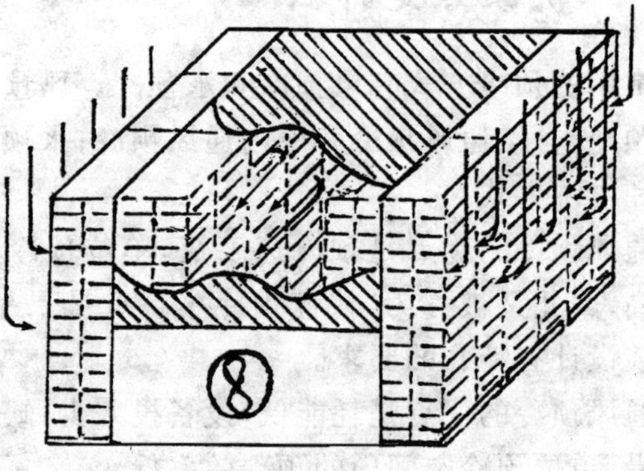

图 2　强制通风预冷中的通风道预冷

强制通风预冷对包装箱特别是箱体孔洞的设计有特殊的要求。因为在孔洞设计良好的箱内，即使葡萄果穗相互挤压在一起，预冷效果也会相当好。通风孔洞设计的具体要求：(1)孔洞尺寸和形状不应当被果实很容易就阻塞；(2)避免选用圆形孔洞，因为多数果品的形状近圆形；(3)用少量的大孔洞替代大量的微小孔洞；(4)孔洞应当有 1 厘米宽或更大；(5)保持孔洞距包装箱所有角 4～7 厘米；(6)孔洞面积应当不小

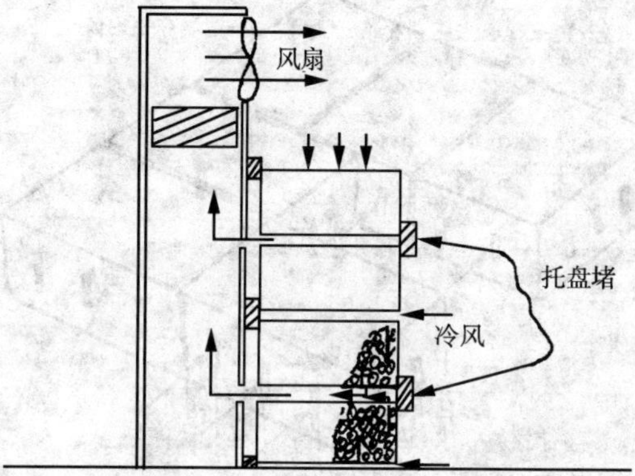

图 3　强制通风预冷中的回旋预冷

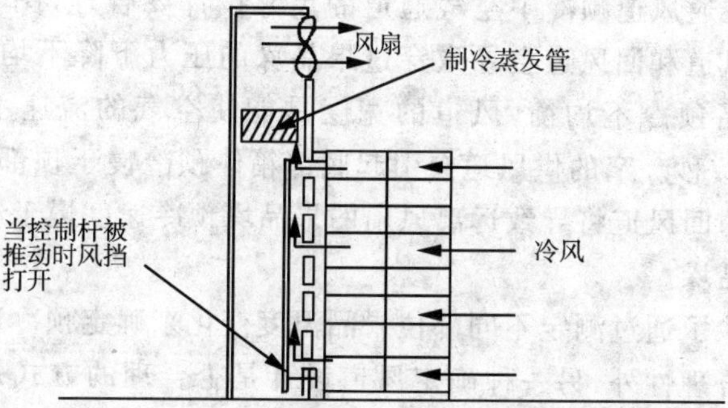

图 4　强制通风预冷中的冷墙预冷

于表面积的 5%;(7)对于交错码垛,同层包装箱的孔洞要设计的能排列在一条线上(图 5)。如果包装箱有塑料内衬或果实包在小包装内,包装箱应当设计出多余的空隙以让气流通过,例如葡萄装在有内衬的纸箱内时,箱体要略高出果品,以允许空气能吹过每个箱体内衬上方。

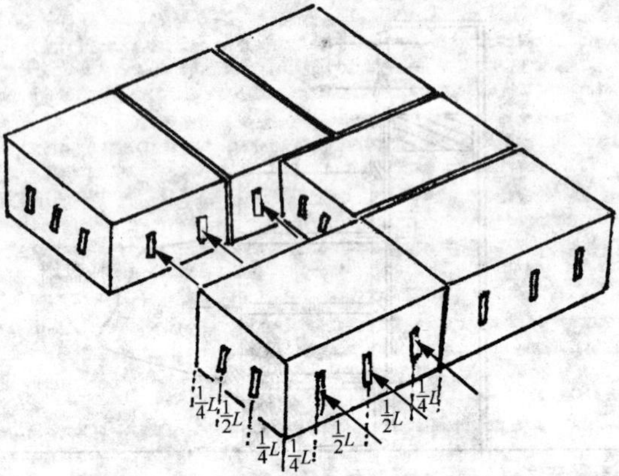

图 5　交叉码垛箱的通风孔设计

在通风道预冷中空气通道的尺寸设计要合理(图 6),窄的供风道和回风道会导致穿过果品垛的压力下降不均衡,引起果品预冷不均衡,风道的宽度是能使空气的流速不低于 7.5 米/秒。窄的供风道会引起底部箱体预冷慢于顶部箱体,而窄的回风道将导致远离风扇的果品垛预冷速度慢于近风扇的果品垛。

除了通过测定不同部位果品温度变化来确定预冷通道设计的合理性外,另一种确定风道设计是否合理的方式是测定通过果品垛的压力落差,即在单个果品垛不同高度及同样高度距风扇距离不同的果品垛内外产生的压力差。如果差别较大则表明通过果品垛的气流不一致。可用下式来计算合适的风道宽度(相邻两个果品垛的间隔是 2 倍的供风道宽):

供风道宽度:$Ws=Q/L\times 2S$;

回风道宽度:$Wr=Q/H\times S$

式中 Q 为风扇通风量(立方米/秒);L 为预冷果品垛排列长

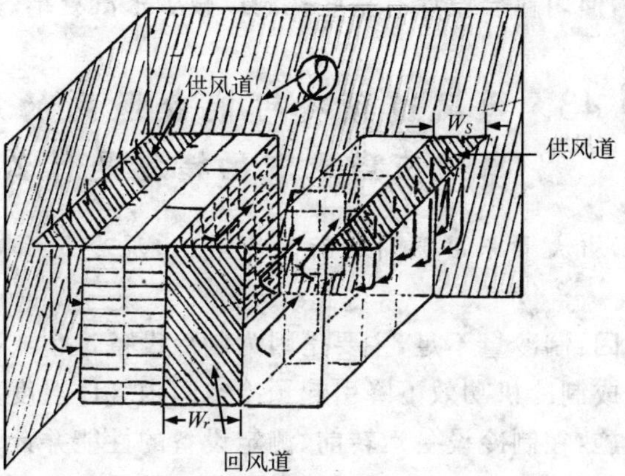

图 6　通风道预冷中供风道和回风道设计

度(米);H 为果品垛从地面起的高度(米);S 为气流的最大速度(7.5 米/秒)。

强制通风预冷在一般条件下不会引起果品水分的损失，而在不利条件下也会对果品造成严重损害。这种方式的失水数量取决于果品最初的温度、产品的蒸腾系数、果品是否打蜡或采用防水包装、预冷空气的湿度和预冷完成后是否有多余的气流通过。

预冷开始时温度高的果品水分损失要多于低温果品。在早晨或傍晚进行采收能使果品的最初温度处于较低的水平。对采后临时存放于田间的果品要进行遮阴以免升温。采后要尽可能快地开始预冷工作。有些果品要在包装前预冷，接下来再进行包装，之后重新预冷，这类果品在包装期间力求升温要最小化以减少水分损失。类似于橙子的产品，蒸腾系数低，预冷时水分流失很少，很适合采用强制通风预冷；苹果、梨、猕猴桃和葡萄会包装在有塑料内衬的包装箱内以防止预冷中水分损失，但内衬会设计有一些孔洞以减少水汽凝结。

43. 通风道预冷可能会遇到的几种现象及应当采取的措施是什么

(1)当大量果品同时进行预冷时，出现冷气温度上升现象。

原因：制冷量不足，主要是因为制冷设备过小或因保养不到位造成制冷机功效下降引起预冷空间内气体温度上升。

措施：在制冷设备运转前，测定设备的性能并计算需要增加的制冷量。此外在通风道预冷中，进入预冷间的热产品会引起预冷间一定部位的气温出现短暂性上升，从而减慢预冷速度或对附近完成预冷的果品起到增温作用。对于这种偶然性的负载高峰可以采取增补制冷设备的办法来弥补制冷量的不足。也可分割预冷间成单独的空间(如图 7)，预防来自一个预冷位的热气流对邻近预冷位造成影响。对预冷间的分割可以采用非保温墙甚至可以用布帘来隔开。如果在大型预冷库的每个预冷位有单独的制冷蒸发管，那么每个位置可作为单独空间设置。如果多个预冷位使用同一制冷蒸发管冷却，那么制冷蒸发管最好有一定的空间，以实现热量的有效交换。

(2)温度记录显示冷气温度稳定在设定要求，但果品垛所有外部箱体，也就是首先接触到冷气的箱体却预冷慢。

原因：没有足够量的空气经过箱体，主要是：

① 箱体开孔不合适(必须有 5%的纸箱孔洞面积，并且在箱子码垛时孔洞必须在一条线上)。

② 包装材料阻挡了气流。

③ 风扇风量相对于产品所需(每千克果品 1～2 升/秒)

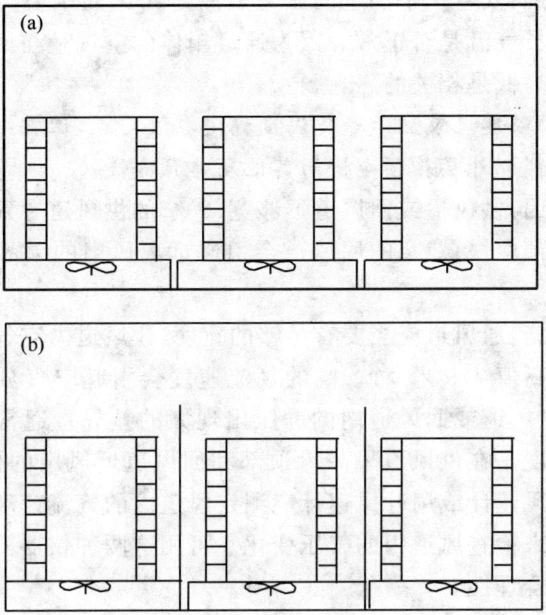

图 7　分割预冷间成单独的空间

(a)没有隔板的通道预冷，一个预冷位的热空气会与其他预冷位的空气发生混合；(b)用无隔热性墙分割通道预冷位，防止新装预冷位产生的热空气减慢相邻位的预冷速度

太小。

④ 在预冷位放置的箱子太多(快速预冷每千克果品需要1～2 升/秒的气流量)。

⑤ 应该穿越箱体内的空气经过托盘(码放果品的木质或塑料垫衬物)缝隙进入回风道，或通风道上覆盖的挡风帆布密封不好。

措施:安置一个固定的压力表测定回风的压力可以提醒工作人员气流是否正常。因为通过箱体的空气量与回风道内的气压高低是相关的。

(3)温度记录显示冷气温度稳定在设定点,但首先接触到冷气的部分外层箱预冷快而其他箱体预冷慢。

原因:供风道或回风道不够宽;①窄的供风道导致近地面的箱体预冷慢;②窄的回风道会引起远离风扇的果品垛预冷慢。

措施:通风道应当要有足够的宽度,让风道内空气速度不超出最高值 7.5 米/秒。高的气流速度会引起空气分布不均衡,使供风道或回风道内的静压出现大的差异。通常最高的气流速度是在供风道果品垛顶部和回风道近风扇的位置,采用热丝风速计或扇叶风速计能测定风道内的气流速度。压力计能用来检查风道内的气压变化。可用这两种仪器监测风道设计的合理性。

44. 什么是库内通风预冷,有何优缺点

库内通风预冷,就是让冷风与库内的果品以自然对流和传导的方式实现热交换。依果品预冷时的码放形式可简单地分为敞口预冷和码垛预冷。敞口预冷是果品完成装箱后不经扣盖封口水平排列在制冷库内,让冷风通过敞着的箱口与果品进行热交换。码垛预冷是将完成包装的果品箱封口后码垛于有冷气的制冷储藏库内进行降温处理。库内通风预冷的气流形式见图 8 和图 9。

库内通风预冷的优点:(1)除敞口预冷需重新码垛外,码垛预冷不需要再次搬运,因为能在同一位置对果品进行

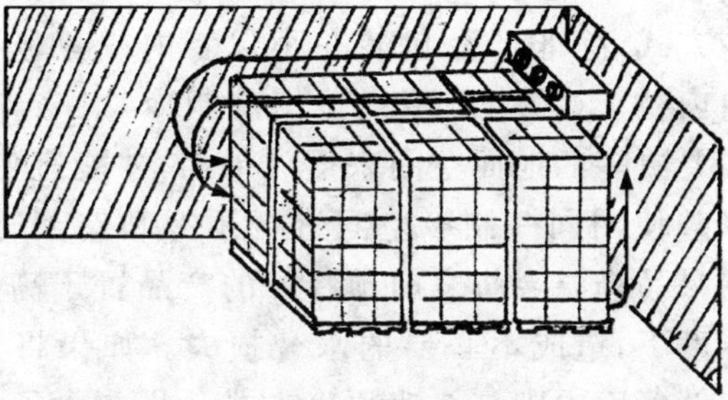

图 8　库内预冷中使用一组制冷蒸发管的气流形式

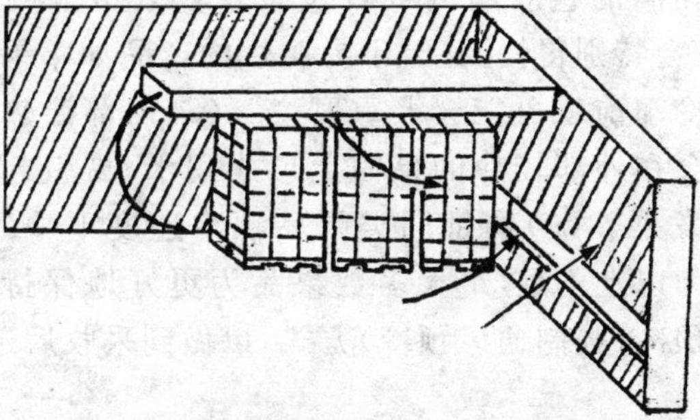

图 9　库内预冷中采用顶篷设置通风道的气流形式

预冷和储藏;(2)设备设计和操作简单;(3)制冷系统的最高载荷低于各种快速预冷方式;(4)不存在对快速预冷设备的投资。

库内通风预冷的缺点:(1)码垛预冷速度慢,至少需要24 小时,有时要几天(敞口预冷要快一些)。(2)对于预冷场地有限的果园,敞口预冷的果品常在预冷不足时就要进行封口码垛,以便为下一批果品预冷腾出场地。(3)由于码垛通风预冷时间长,易损果品在所需的预冷时间内会发生一定量的腐烂。(4)由于码垛预冷时间长,湿度损失要大于快速预冷方式,除非产品包装在小包装内或者包装箱有防水的塑料内衬。(5)当制冷机输出的制冷量一定时要比快速预冷需要更多的地面空间来摆放果品,才能避免“大马拉小车”。(6)使用同一制冷空间进行预冷和储藏时,为了给新入库的果品降温会将之前预冷好的产品置于高速气流和波动的温度下,造成不必要的水分损失。如果将预冷好的产品移到储藏库内则与快速预冷方式一样包含了二次搬运工作。这样体现不出库内通风预冷的优点。(7)果品包装在缺少孔洞的包装箱内或者包装箱被紧密地码垛在托盘上,预冷会特别得慢,甚至不易腐烂的产品如苹果或梨在它们完全冷却前就可能会严重腐烂。(8)内部温热果品释放的水汽会在外部较冷的果面上形成积水,易引起一些果品腐烂的发展。(9)同批同类果品预冷速度不一致,难以管理。因为以上不足,绝大多数果品为更好地保持质量多选用快速预冷(强制通风预冷)方式,以做到采收后迅速降温。

45. 什么是自然通风预冷,如何进行自然通风预冷

自然通风预冷就是利用夜间的低温空气与白天采收的高温果品进行热交换来达到降低果品温度的目的。传统储藏方式的前期预冷大多数为自然通风预冷。

自然通风预冷的优点是可以充分利用自然条件,减少耗能;不足之处就是不能在短时间内使果品达到储藏所需的理想温度。

进行自然通风预冷一般会结合选定的储藏方式进行。

该种预冷方式的关键是如何充分利用自然界的低温空气，实现对果品的有效快速降温。这样就要求在预冷时冷风引入的通道要畅通，量要大。同时当果品温度与冷风温度达到平衡后要及时进行封闭保温处理，一是避免不必要的空气流动而引起水分损失；二是避免外界温度升高时导致果品回暖。果品的码放方式和场所设计要有利于果品与自然冷风进行热交换。这样通过不断利用夜间低温将果品温度降到适合的储藏温度，之后再将果品按正常储藏进行管理。

自然通风预冷适合对预冷时间和条件要求不严格，呼吸速率较低的一些晚熟耐储果品如苹果、梨中的一些品种。

46. 什么是水预冷

水预冷就是用温度较低的预冷介质——水对水果或蔬菜进行淋洗或浸没降温预冷，特点是预冷均匀、速度快，但易造成有害病菌通过水进行传播。水预冷之后在去掉产品表面水分的过程中会使产品轻度萎蔫。在淋洗方式中，冷却水被抽到产品上方经由洒水板或喷头均匀分散并穿过果实层。有的果品是在周转箱内进行淋洗（图 10），有的是让裸露的果实在传输带上慢慢移动并通过淋洗部位（图 11）。浸没预冷方式主要用来给果肉致密的果品预冷，适合密度大于水并能彻底被浸没的果品如樱桃进行预冷，预冷时带有齿状分隔板的传输带可以拖动果实穿过冷水浴槽（图 12）。

水预冷适合于苹果、梨等木本类水果，瓜类及根菜类和茎菜类蔬菜，不适合给葡萄、切花和多数浆果预冷，因为预冷后会在果品表面留下水分而易使浆果腐烂。

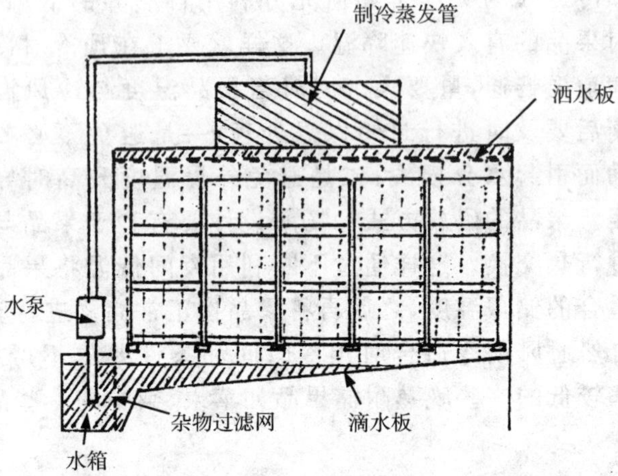

图 10　果品在货箱内进行淋洗预冷的前切面图

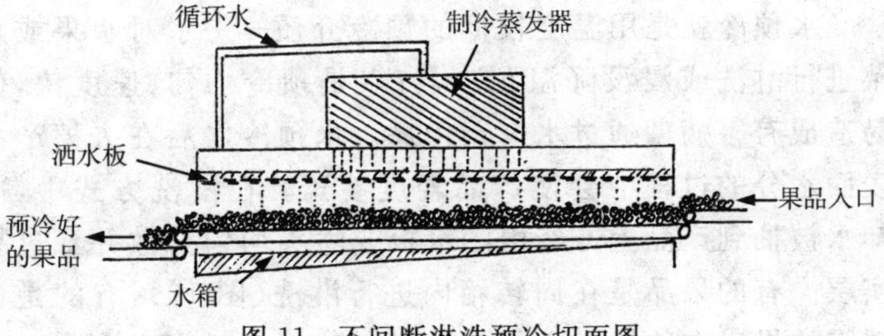

图 11　不间断淋洗预冷切面图

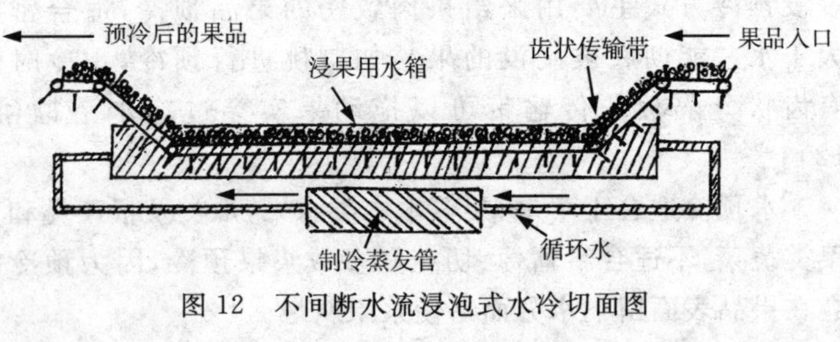

图 12　不间断水流浸泡式水冷切面图

47. 水预冷时应注意哪些事项

水预冷的冷却时间主要取决于果品的直径大小和果品的初温。水预冷设备的设计和操作则主要取决于果品需要的冷却时间和单位时间内需要冷却的数量。在水预冷过程中要注意以下一些问题：

(1)淋洗预冷要合理计算水流量，以保证最佳的预冷时间。在淋洗预冷中浅层果品每平方米水流量为 4.8～6.8 升/秒(图 11)时，可获得最快的预冷效果。商业性预冷设备处理多层码垛的托盘状货箱(产品约 1.2 米高)采用的水流速度为每平方米 13.6～17.0 升/秒(图 10)。水流速度高于这一标准相对会减少预冷时间，在这一速度条件下顶层和底层产品没有明显温差。

(2)淋洗预冷要注意洒水板的高度。淋洗预冷中设计使用的洒水板与顶层果品间的距离不要超过 20 厘米。滴水距离超出 20 厘米会引起甜樱桃表面形成凹痕。洒水板要尽可能靠近果实。如果产品高度不固定，要有另外一个可调高度的洒水板安装在固定板下方。也可在托盘状货箱或田间周转箱上方覆盖打有孔的盖，以减小滴水的有效高度。

(3)浸没方式要注意浴槽水温和水循环速度。浸没预冷要注意保持水温尽可能接近预冷要求的温度，监测好进水口和出水口水温，合理调节循环水速度。对于多数农产品，水温应当保持在 0～0.5 ℃；对于一些只能在5 ℃以上进行冷却的冷害敏感产品，如果将预冷时间限定好的话，也可以用0 ℃的水预冷。

(4) 水预冷还要注意对冷却水的要求：① 接触果实的表

面要尽可能多,延展性好;② 必须保持足够的低温;③ 必须保持无腐烂性微生物;④ 提供的水应当是适合饮用的井水或自来水。

48. 如何根据果品特点和投入资金来选择预冷方式

首先,不同果品因其自身特点不同适合的预冷方式也有所不同,不易失水或少量失水不严重影响商品价值的果品适合用强制通风预冷,如苹果、梨等;易腐性果品如葡萄及其他浆果不适合水预冷;失水会严重影响商品价值的果品如樱桃最好采用水预冷,樱桃失水易引起果柄干缩脱落。有些果品可采用两种不同的预冷方式,如油桃、李子等可以采用强制通风预冷和水预冷,葡萄可以采用强制通风和库内送风预冷。

其次,在选择预冷方式时还要考虑不同方式需要投入的资金量。其中加冰预冷、真空喷水预冷和真空预冷投入资金多,不适合一般农户采用。适合农户采用的预冷方式主要为水预冷、强制通风预冷和库内通风预冷。水预冷需要投入一些专用设备,适用范围相对较小。而强制通风预冷和库内通风预冷只需要对机械冷库进行适当的改造,增添一些简易的设备就可用来做预冷库,而且这两种预冷方式适用的水果范围较广。如果包装箱的通风孔设计合理,并对一些易失水果品采用防止水分损失的保鲜塑料袋包装,同时在预冷中注意控制冷风的相对湿度,这两种预冷方式可适合对绝大多数果品预冷。

49. 如何防止储藏中果实萎蔫

果品在储藏过程中，经常会萎蔫，可采取以下措施防止：

（1）做好储藏果品的选择，选用成熟度较高的果实进行储藏。无呼吸高峰的果品，如葡萄，尽量晚采，选用含糖量高、上色好的果实。有呼吸高峰的果品，如苹果、梨等，选用上色好、硬度大、没有达到呼吸高峰时的果实。注意保护果粉，轻拿轻放，选无伤、无病的果实。

（2）对果品进行精细包装、分级。最好采用塑料薄膜小包装。

（3）保持储运环境有较高的空气湿度和较低的温度，一般要求空气相对湿度为 85％～95％；温度控制在允许的最低温度，如苹果为 0～3 ℃，葡萄为－1 ℃，梨为 3～5 ℃等。

（4）可采用人工果面涂蜡、涂胶，增加果实保护层。

50. 什么是沟藏，什么情况下采取沟藏，如何进行沟藏

沟藏是从地面挖沟，在一定深度的土壤中，利用土壤温度在一年中变化比较缓慢和方便利用自然低温的特性，来保持适宜的果品储藏温度和湿度而进行储藏的一种方法。沟藏在北方比较流行，一般多用于储藏苹果、山楂、板栗等。经沟藏的果品可保持果品新鲜饱满的特性，自然损耗较低。

储藏沟应选在交通方便、地势平坦、干燥、地下水位低及背风的地方。沟的方向应与风向垂直以减少冬季寒风影响。沟深以冻土层为标准，寒冷地区宜深，暖和地区宜浅，一般要

求在冻土层下储藏果实，以保证果实既不受冻，又能得到适宜低温，沟深一般以 70～100 厘米为宜。沟宽一般以 1～1.5 米为宜，过窄散热面积小，果实降温慢；过宽又容易受气温影响，导致沟内温度分布不均匀，稳定性较差。沟长度可根据储量来定，为便于管理也不宜过长。

果实入沟前，要进行预冷处理。下沟时间一般在 11 月下旬。沟内先铺一层 6～7 厘米厚的细沙，然后将果实以一层果一层沙或用果筐堆于沟内(以果筐堆于沟内较理想)，最后盖上覆盖物。一般分 3～4 次覆盖，果实入沟初期，只覆盖薄薄一层，防止果实受冻。随气温下降，增加覆盖厚度，直到盖足为止。覆盖厚度，以保证果实不受冻又不受热为原则，为了方便通气，可每隔一定距离埋一秸秆把通气，积雪过多的地方，要设排水沟。

为能准确及时测知果堆温度，可预先在沟内不同位置埋设测温筒，并用塞子堵住筒口，测温时可打开筒口，吊入温度计，停留一段时间进行观测。

51. 什么是装袋沟藏法，如何操作

装袋沟藏兼有沟藏的保温性和有效利用自然低温的特性，同时还具有装塑料袋后的保湿性和一定气调作用的优点。装袋沟藏适合苹果、梨等一些北方果品中的晚熟品种。

具体的操作是，选用 0.07 毫米厚的塑料薄膜制成能装 15～20 千克果品的塑料袋，将要储藏的果品经过严格分级，剔除病虫及伤次果，装入塑料袋内，不扎口，经过 1～2 个冷凉夜晚预冷后，到早晨封袋入沟。入储一个月内，随时观察果品质量变化情况及袋内有无结露现象，若有结露现象则在低温

的晚上及时打开袋口放露。在储藏过程中，随着气温降低，要用秸秆和塑料薄膜覆盖或用土覆盖，覆盖厚度以防冻保温但不受热为好。这种方法在烟台地区储 4～6 个月苹果，病腐率在 2%以下。也可以进行单果包纸，效果更好。

装袋沟藏除了需要注意在沟藏操作中要求的一些事项外，还要注意所储藏果品对二氧化碳的敏感性和对氧气的最低要求。如果对某种果品没有储藏经验最好先咨询一下有经验的人，或参考同类果品的装袋沟藏操作方法。原则上对二氧化碳敏感的品种要在前期果温降低之前多通风散热，之后再减少通风次数。如没有把握最好用少量果实先进行试验。

52. 窑窖储藏的特点有哪些

窑窖储藏是一种结构简单、建造方便、管理容易、性能良好的储藏方式。全国各地因气候因素、地理土质和群众经济条件不同而建造有不同形式的窑窖，如陕西的窑洞、河北的棚窑、山西的窑窖和四川的吊金窖等。

在黄土高原地区，通常人们将居住的窑洞改为窑口向北、向下有缓慢坡深入地下的自然通风库。并逐渐由土窑洞发展成砖窑洞，用砖柱或砖墙加固窑洞，由靠崖打洞发展为平地打洞成防空地道或地下窑洞，以及带侧窑（子母窑）的“非”字形、“梳子”形窑洞及机械冷风窑洞等。

窑窖的主要特点有：

（1）建造简单，费用低，使用方便、效果好。

（2）窖温低而稳定，受外界影响小。据陕西省果树研究所对土窖洞的研究，9 月份至次年 2 月份，窖外温差在 11 ℃以上，而窖内温差为 1 ℃左右，并稳定在 1～3 ℃之间，窖内温度稳定，基本适合苹果、梨的储藏要求。

(3)适合于就地储藏，可因地制宜采取不同形式的窑窖储藏来增加果农收入。

一般窑窖的建造要求是：

(1) 选址：窖址选在地势高燥、土质较好的偏北阴坡处。土窑窖是靠比较厚的土层来稳定窖内温度。土层深厚，温度变化小，一般土层厚度要在 5 米以上。

(2)窖门：窖门向北，不受阳光直射，温度变化小，冷空气易于进入，降温快。窖门规格：宽 1～1.4 米，高 3.2 米，深4～6 米，门道里侧设一栅栏门，供通风用。门道可设三道门帘，起缓冲冷、热空气作用。

(3)窖身：长 30～50 米，高 3～3.2 米，宽 2.6～3.2 米，顶部呈圆拱形。

(4)通风孔：修建在土窑洞的后壁上，内径下口为 1～1.2 米，靠窖身的一侧安装可以开关的窗户；内径上口为0.8～1 米，通气孔的内径大小与窖身长短有关系；气孔高(从窖顶部起)为窖身的 1/3～1/2。在通气孔上方安装 30～50 厘米的风扇一个。

53. 如何对窑窖进行管理

入窖初期管理：主要抓住时机利用外界低温降低窖温和窖内土温。入窖初期，窖内土温高，且果实本身带有大量的田间热和较强的呼吸热，因此，夜晚要将窖门及通风孔打开，并打开窖门上方的小窗口(30 平方厘米见方)，使热空气排出，白天温度升高时，则关闭窖门及通风孔，防止外界热空气进入窖内。

冬季管理：主要是适当通风，防止果品受冻和温度回升。一般通风在白天进行，便于控制和掌握窖内温度。外界温度低于－6 ℃时，通风量不宜过大，防止果品受冻，天气冷时，要严封门窗和通风口。冬季维持 0 ℃左右的低温时间越长，窖上的土层越厚，窖温越稳定，窖温回升得也越缓慢。

春季管理：主要是严封通气孔和门窗，防止早春外界高温空气进入窖内，尽量维持窖内果品要求的低温。同时春季可利用外界低温继续通风降温。有条件的地区可在窖内存放积雪，既维持窖内稳定的低温又增加窖内湿度。

54. 平窖储藏的构造及特点是什么

平窖储藏是各地广泛采用的一种简便的储藏方式，它的工作原理与窑窖储藏相同，也是利用自然通风来控制窖内温、湿度，使其达到果品储藏的要求，常用于储藏苹果和梨。

平窖的构造：窖身一般长 30 米以上，高 2.5～3 米，宽 3 米左右。门道深 3 米，宽 1.5 米。设三道门，门上留小通气窗，头道门为栅栏门；二道门紧靠一道门，要能关严；三道门位于门道末端，加设保温设备，如棉门帘等。窖顶呈“人”字形，由窖门向窖末端逐渐倾斜，倾斜度为 0.01～0.5。窖顶设排气孔，排气孔底部直径 1.5 米，顶部为 1 米左右，排气孔高度不低于窖身长的 1/2～1/3，顶部高出地面。为能迅速降低后部窖温，也可在窖内加设地下通风道。

平窖的特点：门道长，窖身长，利于保持稳定的窖温，排气孔高而大，比一般土窑洞易于通风降温，储藏效果好。

55. 平窖储藏的管理措施有哪些

消毒:尤其是用过的窑窖,装果前要彻底清扫消毒,减少病菌传播机会。消毒方法为每立方米用 10 克硫黄熏蒸或用 1%的福尔马林溶液均匀喷布,密封 2 天后再通风使用,也可在地面撒石灰。果筐和垫木要用 0.05%~0.5%的漂白粉洗刷,在阳光下曝晒消毒。

堆码:果实包纸后,装箱或装筐,装筐采用立垛,装箱采用横竖交错的花垛。箱间留 3~5 厘米的缝隙,垛间距 50 厘米,与墙距 50 厘米,与顶距 100 厘米,下端垫高 5~10 厘米,以利于通风。

调温:窖温一般是上部高,下底低,靠门处变化大,而后部稳定。果实入窖后,窖温不会很快上升。夜间,当外界气温低于窖内气温时,打开窖门和所有通风孔,引入冷空气。白天,当外界气温高于窖内气温时,关闭所有通气孔。当降到水果储藏温度时,如内部 0 ℃,门外不低于−2 ℃,关闭通风孔,加盖棉门帘保温,而门外小通气孔不关闭,以排出呼吸热。冬季,要在中午外界气温高于−6 ℃时,才打开通气孔短暂而缓慢地排出窖内湿气。立春后,窖内温度回升时,则夜间打开通气孔,白天关闭,利用冷空气降温。

调湿:当窖内湿度低时,可通过喷水和撒湿锯末面来增湿;当窖内湿度高时可通风排除潮气。一般认为冬天窖壁上有白色霜状物时,表明湿度适当,否则湿度过小。

质量检查:及时剔除病烂果,如品质下降严重,则全部处理。对耐储品种,在惊蛰前后全部挑拣一次,留好果继续储藏。

出窖:出窖后,立即将窖内打扫干净,封闭窖门,保持窖内低温,为来年秋储创造条件。

56. 什么是通风库储藏,通风储藏库的类型有哪些

通风库储藏是指在具有灵活通风设备和良好隔热性能的建筑内,利用库外环境昼夜气温变化的差异及库内外温度的差异进行通气换气,使库内保持稳定而又适宜的低温,达到储存果品的目的。

通风储藏库作为永久性的储藏建筑,管理方便,利于大量储藏果实,是在利用自然温度冷却储藏方式中,时间较长、储藏效果较好的一种储藏方法,常见的通风库类型及特点见表1。

表1　常见的通风库类型及特点

特点＼类型	地下式	半地下式	地上式
适合地区	适用于严寒、地下水位低的地区	适用于华北地势高燥、地下水位低的地区	适用于地下水位高和气温较高的地区
建筑类型	完全位于地下	库身一半或一半以上在地下	库身全部裸露在地上
建筑费用	以土壤为保温材料,既保温又省建筑材料	地下部分以土壤为保温材料,地上部分利用隔热保温材料,能节省部分建筑费用	整个库体均需要良好的建筑材料隔热,以保持库内适宜温度,建设费用高

57. 建造通风储藏库要考虑哪些因素

通风储藏库的基本要求是隔热和通风。隔热是使储藏库

的库顶、墙壁、地板等建筑部分的导热性控制到最低限度，使库内温度受外界影响最小化。通风是要求配备良好的通风设备，做到通风迅速，可以有效地调节库内温度和湿度，以满足果实在各个储藏期对温度和湿度的要求。建造通风储藏库要考虑以下因素：

(1)库址选择。通风库宜建在地势高燥、通风良好、地下水位低的地方。为了防止库内积水及春天地面返潮，地下最高水位距库底要在1米以上。

(2)库体大小与方向。尽量减少库体在大气中的接触面，以减少对库温的影响。可采用减少长度和加大宽度的方法。库体在北方一般以南北长为宜，以减少冬季寒风直接侵袭侧面，影响库温，其他季节可减少日照；南方以东西长为宜，可减少阳光照射，同时，有利于冬季北风入库降低库温。

(3)建筑材料。建筑库墙及库顶要具有良好的隔热性能，以隔绝库外过高或过低温度的影响，有利于保持库内稳定而适宜的温度。保温用建筑材料要具有多孔、组织疏松、不易吸水、重量轻、价廉易得的特点。

另外，在建筑通风设备时应注意以下问题：

(1)在导、排气口面积一定时，导、排气口间的垂直距离越大，通风效果越好，因此，导气口多设于库底或墙基部附近，排气口多设于高于库顶1米以上。

(2)在导、排气口间的垂直距离一定时，导、排气口面积越大，通风效果越好。

(3)在导、排气口面积一定时，导、排气口数量越多，通风效果越好。如用1个0.8平方米的排气口，不如用2个0.4平方米的排气口效果好。

(4)导、排气口应设隔热层，其筒顶应有顶帽，帽罩之下的空气进出口应有纱网,以防止鼠虫进入。

(5)导、排气口应设活门开关,以调节通风换气量。

58. 如何管理通风储藏库

储前准备:在果实入库前,要进行清扫、消毒、通风换气、各种设备检修及库内增湿。消毒方法:每立方米用10克硫黄熏蒸;或用1%的福尔马林溶液喷洒地面及墙壁,用量为每平方米30克。然后密闭24小时,再通风2～3天后装入果实。

库内堆码:堆码形式参考窑窖内果品的堆放,注意垛的行向要和风在库内的流动方向一致,以使空气流通,增加降温效果。

湿度调整:由于库内地面采用土地面,当库内湿度小时可在地面喷水,或挂湿麻袋、湿草帘,或撒湿锯末,并配合适量通风,增加空气湿度,当库内湿度大时,则可加大空气流量,带走湿空气。

温度调整:利用库内外温度差异,一般放在温差大时进行,要灵活掌握通风时间和通风量,以调节库内温、湿条件。秋、春季节,一般在夜间进行,冬季则在中午温度在－5℃左右时进行短时间换气,在库温降到一定程度时,将通风设备全部关闭,以保温防止果实受冻。

加速空气流通:为了加快降温速度,可配备排风扇或鼓风机,有条件的地区,可在进气口设置冰块,以更有效地降低库温。

出库后:及时清扫,消毒密封,以保持库内低温。

59. 在通风储藏库使用过程中影响通风速度的因素有哪些，如何掌握利用

（1）库内外温差。温差愈大，通风过程中空气对流速度越快。所以通风时间应在库内外温差较大时进行。秋、春季节，多在每日大气温度最低时进行通风，当大气温度接近库内温度时应将通风口关闭。

（2）风速。风速越大，通风速度越快。因此在库外气温低时，为使库内气温调节速度提高，在不受冻害的前提下，可全部打开通气设备，加大风速。

（3）大气压。库内外大气压差越大，气体对流速度越大，导排气越理想。因此在气压差大时进行通风，可以缩短通风时间。

60. 什么是简易地下式通风库，其构造是怎样的

简易地下式通风库是指库体建于地表下，采用自然通风方式来调控库内温、湿度的一种储藏库。

地下式通风库库址要选择背风向阳、地势高燥、排水良好、交通方便的地方，采取东西方向建造，最小建筑面积不少于12～15平方米，储藏有效面积才能达到9～12立方米，按每立方米500千克计，可储藏4 500～6 000千克水果。同时，建筑面积越大，利用率越高，实用价值越大。

地下式通风库由库墙、库门、库顶、抽风筒、抽风口、防雨棚和库室7部分组成。

库墙:通风库墙高 3 米,宽 0.24 米,用砖砌成,石灰或水泥抹缝。要求垒砌严实,以利保温、防鼠及防止渗漏泥水和杂物。

库顶:要严密,厚度一致,不渗水,不透气,能承受一定的压力,用水泥楼板封顶,水泥灌缝,并将库内外顶抹平,外顶加一层塑料薄膜,然后盖上一层厚 0.3～0.5 米的细土。

库门、抽风口及抽风筒:库门高 2 米,宽 0.8～1 米,以储运和管理使用方便为好。抽风筒要建在门的对面,抽风口与抽风筒相连,抽风口的位置在离库底高 1.5 米处,向上高 1.2 米,宽 0.8 米;抽风筒高 3～4 米,内径长、宽各为 0.8 米,上口以 2∶1 的比例缩小,要求坚固、抗风、不漏气。

防雨棚:设在库门上方,一般用苇席搭成,也可建成类似工作室的小房子,主要为遮雨雪,防止雨水、杂物进入库室阻塞库门和通风孔。

库室:库室内留 0.8～1 米宽的走道(通风道),从库门到通风口,不放设任何东西。沿人行道两侧建成格子仓架,用木桩、三角铁等绑扎牢固,也可做成永久仓架,以每层仓架放置 3～4 层果筐为度。门口和通风口都安装防鼠网,安装木质库门,通风口与门外挂棉门帘,以免外部高温及冷气进入损伤果实。库室内最好装上电灯等照明设备。

通风量不足时,可在抽风筒上安装排风扇,以协助迅速完成抽风换气。

库底要求平整、防潮、牢固,最好用炉渣、水泥铺成。

61. 什么是半地下式通风储藏库，如何对简易半地下式通风储藏库进行改造

半地下式通风储藏库是指库体一部分位于地表下，另一部分位于地表上的一种通风储藏库。它兼有地下式和地上式两者的优缺点。

简易半地下式通风库在实际使用中，往往有冬季库内温度过低、秋季降温缓慢及春季升温快的弊病，造成苹果采后不能及时入库及储藏期间的腐烂损耗高的缺点。经过对简易半地下式通风储藏库进行改造，可大大提高储藏保鲜效果，延长储鲜期。具体改造措施是：

改造保温层：在原有的砖砌拱形窖顶上外覆“二纸三油”，即两层油毡纸和三层沥青防水层，内用水泥预制板作顶棚，上铺 0.1～0.2 米的秸壳作保温层，在边墙外面加空心墙，填充 0.1～0.25 米的膨胀珍珠岩为隔热层。

改造通风路线和通风方法：将原来的屋檐、窗进风和天窗出风的通风方法改为以库门为进风口或另设进风口，在与进风口相对的外墙上设置出风口并安装轴流风机或排风扇，强制通风，以迅速降温。

改造隔温库门：由原来一道门，改成二道门，同时将普通木门改成有保温隔热性能的门，可在两层板之间夹一层棉絮达到隔热目的，必要时挂设棉门帘，以增强寒冷季节的保温能力。

62. 什么是机械冷藏库，机械冷藏库使用前应做哪些准备工作

在保温性能良好的储藏库内，利用制冷机实现对储藏库内空气和果品的降温，以使库内空气温度和果品自身温度符合果品长期储藏的要求，这种储藏库叫做机械冷藏库。机械冷藏库使用前应做以下准备工作：

(1)使用前进行清洁和灭菌处理，特别是储藏过同类果品或有相同储藏病害的不同类果品时，更要清洁和灭菌。消毒灭菌后引入新鲜空气。

(2)在果品入库前要保养、检修制冷机系统，该项工作一般由专业人员进行。主要检测制冷机管道系统密封性是否良好、制冷剂是否充足、仪表显示是否正常等。

(3)对库体和通风系统进行检测，通过进行试降温来监测库体的保温效果是否正常、通风系统的出风口和回风口是否畅通、风量分布是否均匀、有无死角等。同时对库体的各个部分进行仔细检查，如检查是否有裂缝渗水、门体封密是否严密等。

(4)在果品入库前一天对库体进行降温，使库内气温达到果品要求的储藏温度或略低于果品要求的储藏温度 2～5 ℃。这是因为在果品入库的过程中库门的开关、人员和机械的进出都会有额外的热量进入库内，此外经过预冷的果品还未达到储藏温度，需要在冷藏库内进一步降温，所以入库初期要让库内温度略低于果品储藏温度。

(5)如果在同一库内储藏不同类的果品，则要考虑果品间储藏温度是否相同或产生的挥发性气体是否会伤害到其他果

品，如有这些情况要提前采取防护或隔离保护措施。

63. 如何调节机械冷藏库内的温度

入库初期：机械冷藏库内温度的调节会因入库初期的情况不同而有所变化，具体有以下几方面：

(1)不同类型的果品要求的储藏温度不同，一般北方果品要求多在 0 ℃左右，南方果品多在 2～12 ℃左右。在入库初期可以据此将库温调到不同果品要求的储藏温度附近或低于储藏温度 2～5 ℃。

(2)不同果品对降温速度的要求有所不同，如鸭梨要求每隔 3 天降 1 ℃，最后降到 0～1 ℃；而葡萄在不产生冻害的情况下降到 0 ℃的时间越短越好。

(3)不同果品对低温的敏感度也有所不同，有的果品易产生低温冷害，特别是南方产的一些水果，库内温度一般不能低于储藏温度；而北方多数水果对低温有一定的忍耐限度，决定是否产生冷害或冻害的因素为低温的程度和持续时间。一些北方果品在入库初期可以将库内温度调的略低于储藏温度，一般低 2～5 ℃。

(4)入储前果品是否经过预冷对库内温度的调节也会产生影响。经过预冷的果品入库后库内温度一般要求保持在储藏温度即可。没有经过预冷的果品则视其自身特点和果品初温来定。

(5)果品每次的入库量及间隔时间也影响初期库温的调节，入库量大、间隔时间短则库温可调的低一些；入库量小、间隔时间长则库温可保持在储藏温度。

储藏中后期：储藏中后期一般要求机械冷藏库温度在稳

定在果品最佳储藏温度。因为进入中后期果品温度已接近或达到最佳储藏要求，期间库内的热量主要来源于果品的呼吸热和外界传入的热量。

入库后要注意调节好库内的空气流量和气体温度，监测好不同部位果品温度变化情况，避免有大的波动。将空气流量控制在能维持果品最佳储藏温度的最小值，以免引起不必要的能量消耗和果实失水。

果品出库前：在果品出库前，若外界环境温度较高，则果实表面易结水珠，有些果品还易因此造成腐烂或色泽发暗、果肉变软，对于此类果品则采用逐步升温的方式，待果实温度升高后再出库，以保证果实品质。

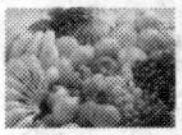

64. 如何调节机械冷藏库内的空气湿度

绝大多数果品在储藏中对库内空气湿度都有一定的要求，特别是没有包装在保鲜塑料袋内的果品，或进行过防失水处理的果品。一般果品储藏适宜的相对湿度为80%～90%。

果实失水的主要途径是：① 在储藏中由于空气中温度较高的水汽在低温的蒸发管处不断结霜，使空气中的水分减少，导致空气相对湿度降低，而这时果实自身的水汽呈饱和状态，这样果实中的水分就会不断向相对湿度低的空气中散发，从而引起果实失水皱缩；② 干燥的包装材料会不断从空气中吸收水分，降低库内空气的相对湿度；③ 机械冷藏库多用隔热材料建成，无补水性能，有些建筑材料如混凝土和木材过分干燥时还要吸收库内空气中的水分，降低库内相对湿度。如果果品在机械冷藏库中与库内空气直接接触就应采取相应的措施以保持较高的相对湿度，来减少果实内水分的散失。

减少空气中水分损失和提高相对湿度的办法：①在设计时加大蒸发管面积，使蒸发面的温度与库温差距缩小（不超过2～3 ℃），以控制在蒸发器上结露结霜；②地面洒水；③空中喷水雾，直接增加空气环境中的水分；④可用轴流风机进行冷却循环，缩小风机进出口温差，或在轴流风机前安装弥雾器，进行换气增湿。

如果库内湿度过高对果品储藏也相当不利，特别是外界潮热的气体进入库内时，会在低温的果实表面结露，给果实表面的病菌创造侵染的条件。同时高湿度对纸质包装箱不利。

库内湿度过高，多为果品进出库频繁，使外界暖湿空气进入库内，在低温下形成较高的相对湿度达到露点，出现结露。解决的方法是控制进出库次数，也可用氯化钙或木炭吸湿，还可利用外界低温冷空气，让库内空气与外界空气流通循环，降低库内环境的相对湿度。

65. 果品在机械冷藏库内码垛的注意事项有哪些

果品入库码放时一是要注意在果品垛四周和上下留出通风道，不得有通风不畅的死角；二是码垛时要给垛中心部分的果实留出向外散热的风道；三是要留出工作人员能检查各个部位果品的通道和搬运果品的作业道；四是最好以托盘为单位进行码放，有利于出入库，也有利于对果品进行分组，便于管理。

66. 机械冷藏库为什么要进行通风换气，如何通风换气

库内果品在储藏中会不断消耗空气中的氧气，呼出二氧化碳，如果冷藏库长时间处于密闭状态就会使库内氧气浓度降低，二氧化碳浓度升高，这两项指标的一降一升在储藏前期有利于对果品呼吸作用的抑制，但达到一定程度后会影响果实的正常呼吸和生理活动，特别是对高浓度二氧化碳敏感的一些果品和对低氧敏感的一些果品。此外，有些果品在储藏过程中要挥发其他气体如乙烯和其他芳香类气体，其中乙烯会加速果实的衰变。因此库内要及时排出果实呼出的二氧化碳和挥发产生的乙烯等气体，并换入新鲜空气。一般换气选在气温较低的早晨进行，在换气同时，要开动制冷机，以减缓温度升高。

入库初期，每天换气 8～10 次，以排出果实产生的呼吸热和废气，当果温降到储藏温度时，可每周换气 1～2 次。储藏后期，每周换气 3～4 次，以保持库内空气清新。每次换气要在 3～8 分钟内完成。

67. 机械冷藏库的冷却装置上结霜有何危害

冷藏库内的蒸发（蛇形）管是空气冷却器。在实际使用中，通过制冷剂在管内蒸发使管壁外表面和周围空气温度不断降低。由于储藏期间空气中含有较高水分，随着温度的降低，空气的相对湿度不断增加，当温度降到一定程度时，管壁

周围空气的相对湿度达到100%，即水蒸气达到露点温度，开始凝成水滴而附着在物体表面(此时叫发汗)。当水滴附着在蒸发管表面时，由于蒸发管壁的温度都在0℃以下，凝结在管壁的水滴很快变成霜。随着温度的降低，时间的延长，霜层会逐渐增厚。

冷库内安装的制冷剂蒸发管均为传热性能良好的金属管道，当管道外面包上一层霜后，由于霜层的导热系数比金属小得多，就相当于在管道外面包了一层隔热层，增加了热阻，使蒸发管的导热系数大大减小。对于翅片状蒸发管，管上结霜后，不仅使管子传热恶化，还会堵塞翅片间的空间，阻碍空气流动，降低散热系数。结霜严重时，霜层包了整个翅片，使翅片完全丧失降温作用，所以霜层过厚对于蒸发管的传热效果会产生不利影响，使制冷效率降低，造成降温困难，增加机器耗电量。

68. 机械冷藏库如何除霜

进行除霜常用的方法有：

人工除霜：在结霜初期，霜层疏松时，用与扫帚相似的工具对管道进行清扫，使霜层脱离管道，或采用特制的工具沿管表面推拉，刮除霜层。这种方法操作简单，不需停机，不影响库温，但劳动强度大，霜层不易除尽。

热氨冲霜：即在结霜的排管中通以热氨气(以氨为制冷剂的制冷设备)，管子被加热，管壁外的霜层受热融化，使整个霜层脱落，达到除霜的目的。冲霜操作中所用的热氨气，是由制冷系统中油氨分离器后的高压排气管引来，每个库房的调节站上装有专门的冲霜管和回液管。在冲霜前先关闭需冲霜管的供液阀，停止正常供液，排管内氨适当拉空后，关回气阀，开启冲霜阀，热氨气进入排管，当压力升到 4～6 千克/平方厘米时，开启调节站上的回液阀，将排管内的液体（氨和油）排到机房的排液桶内，而后继续冲入热氨气使排管加热，管外霜受热融化，脱离管壁，此时再辅以人工扫霜，使霜衣全部剥离排管，此时关闭冲霜阀及电液阀，缓慢开启回气阀，使排管内压力逐渐降低到正常生产压力后，开启供液阀，恢复制冷生产。

热氨冲霜是目前冷库中广泛采用的除霜措施，但库内有货时，在货物上须盖上油布或帆布，防止货物温度回升，同时冲霜时间不宜过长，以免库温回升。

水冲霜：利用常温的水对结霜的蒸发管进行喷淋，使霜层融化脱落。水冲霜常和热氨冲霜配合使用，尤其是在广泛使用冷风机的储藏库中对间隔距离较小的翅片蒸发管除霜。因为用热氨对翅片冲霜后，霜层虽已与管壁脱离，但仍不脱落，再用水冲一下，则短时间即可彻底清除管壁上的霜层。冲霜用的水以15～25 ℃为好，由专门装设的冲霜水管供给，并由蒸发器的水管向下喷淋，使融化的霜和水一起落入底部集水盘内，从排水管排出室外，冲霜结束后，一定要将水管内的水放完，避免在恢复制冷后，使水在蒸发器内再冻结，影响以后冲霜。

69. 怎样设计与建造适宜的机械冷藏库

机械冷藏库的设计主要是库体的构造设计。机械冷藏库多为地上式库体，如果构造设计不合理则库内温度会受外界气温影响而产生波动。库体构造设计最重要的是必须有完好的隔热性能，以达到库内温度受外界影响最小的程度。库体一般采用砖、水泥和一些隔热材料筑成，也有用钢材做框架，用彩钢加苯板做墙体和库顶组装而成。

在设计中首先要进行数据的测算以及建筑材料的选择。不同材料的导热性能有很大的差异。导热系数是用来说明材料传热能力的一个物理特性指标，是指当材料层的单位厚度为 1 米、内外表面的温差为 1 ℃、在 1 小时内通过 1 平方米表面积所传导的热量。生产上常用的热阻值为导热系数的倒数。传入库内的热量与库体的外表面积、库体材料的导热系数和内外温差有关。这样可以根据储藏期库体内外温差、库体外围面积（由库内计划容积可以计算）、选用的构造材料来计算库体内外墙、库顶和隔热夹层的厚度，以此来确定需要配备的机械制冷机的性能。一定厚度的隔热材料可根据公式 $R=\delta/\lambda$（R 为材料的热阻值；δ 为材料的厚度；λ 为材料的导热系数）计算出热阻值。当库体热阻值和选用的构造材料确定后反过来由此可以计算出它们的厚度。

设计机械制冷库的隔热层时，首先应合理确定制冷库的传热热阻。一般情况，当库温要求为 0 ℃时，在夏季室外计算温度为 30～33 ℃的地区，要求库外墙热阻值为 2.85 米·开/瓦；在夏季室外计算温度为 33～36 ℃的地区，要求库外墙热阻值为 3 米·开/瓦。屋面要求的最小热阻值可按上述要求乘以 1.15。当围护结构的构造方案和所用隔热材料种类确定后，即可计算出隔热层所需厚度（表 2）。

其次是机械制冷库的结构设计：

库顶：一般可采用“人”字形或平顶结构。采用“人”字形，下面一层铺木板，其上铺两层油毡，之后中间装隔热材料，再铺一层木板，上铺瓦，以做到防漏保温。若用平顶结构，下层铺空心水泥板、两层油毡，之后中间装隔热材料，上面再铺水泥砖，在砖缝中灌沥清，上层铺一层砂子，上面再搭空心水泥板以遮阴。

表 2　常用隔热材料和建筑材料的导热系数及热阻值

材料名称	导热系数（瓦/（米·开））	热阻值（米·开/瓦）
聚氨酯泡沫塑料	0.020	50.0
聚苯乙烯泡沫塑料	0.035	28.5
膨胀珍珠岩	0.030～0.040	33.3～25.0
加气混凝土	0.080～0.120	12.5～8.3
泡沫混凝土	0.140～0.160	7.1～6.2
软木板	0.050	20.0
油毛毡	0.050	20.0
芦苇	0.050	20.0
刨花	0.050	20.0
秸草秆	0.060	16.7
锯末	0.090	11.1
炉渣	0.180	5.60
木材	0.18	5.6
砖	0.65	1.50
玻璃	0.68	1.50
干土	0.25	4.00
湿土	0.35	0.33
干砂	0.75	1.30
湿砂	7.50	0.13

库墙：用两砖夹一层隔热材料，外墙要厚，库内部隔室墙可薄，但必须保证有一定的保温性能。

库门：一律采用保温门，密封要严密。

排风孔及排风扇：排风扇最好装于墙的上部，以能完全排出库内空气。排风扇功率要大，能在规定时间排完库内空气，排风扇不用时要堵严。最好安装活保温板，不用时关严保温。

库地板：用水泥打底，并放置防潮、隔热材料。

70. 在安装调试制冷机时需要提供的数据有哪些

机械冷藏库的核心部件为制冷机，制冷机配套由专业人员负责并由他们安装调试。作为机械冷藏库的使用者只需要提供科学的相关数据给专业人员即可。这些数据主要有：①储藏库使用期间外界温度的变化资料，特别是最高气温。因为在库体隔热性一定的情况下外界温度与库内储藏温度的差值影响传入库内的热量值。② 准备储藏的果品是什么？最大的存放数量是多少？选用的包装材料是什么？包装材料的重量是多少？入库时果品和包装材料的温度是多高？设定的储藏温度是多少？要求在多长时间降到设定的储藏温度？这些数据是计算果品和包装材料在入库初期释放热量的依据，也是计算制冷机单位时间内输出最低制冷量的依据。③ 库内是否还要安装其他设施，如轴流风机、灯具等？人员进出库的频率有多高？这些是设定额外制冷量的依据。一般是在总量上增加15%～25%。

71. 什么是气调储藏，如何进行气调储藏

气调储藏是指通过人为控制果品储藏环境中主要气体成分的含量来达到延长果品储藏寿命的一种储藏方式。对气体成分的调节也主要是对二氧化碳和氧气含量的调节。通过控制这两种气体成分的含量来抑制果品的呼吸速率，使之达到合理范围的最低水平，同时能有效地抑制微生物的活动和不

良气体(如乙烯)的产生。

因气调储藏可在相同温度条件下使果品能更好地保持采后品质,或在较高温度条件下达到与低温普通储藏相同的效果。所以气调储藏也成为一些高价值果品延长储藏期的最佳选择,同时也成为一些低温敏感型果品的最佳储藏方式。

气调储藏库要求的技术含量高,除要求有密闭的气调储藏室和合适的温度值外,对气体成分的监测控制是储藏中的一项重要管理工作。因为不同果品在相同温度条件下对二氧化碳的敏感性以及氧气最低值的要求不同(表 3),而且因成熟度不同也有区别。这就需要在不同温度条件和成熟度条件下选择合适的气体成分比例,来达到合理抑制呼吸的目的。此外规模化气调储藏还需要配备一些专业的监测仪器和调气设备如氮气发生系统,以便及时监测调节储藏室内的气体浓度。

表 3　常见果品在气调储藏中要求的气体成分

果品	温度(℃)	气体浓度	
		氧气(%)	二氧化碳(%)
苹果	0.5	2～3	1～2
葡萄	0.5	—	—
桃	0.5	1～2	5
西洋梨	0.5	2～3	0～1
李	0.5	1～2	0～5

除了复杂的专业性气调储藏外,简易性气调储藏也已被人们使用。它主要利用了果品在呼吸过程中消耗环境中的氧产生二氧化碳这一现象,用薄膜密封果品,通过果品自身的呼吸来降低氧气的浓度并提高二氧化碳浓度,以实现自动调气

储藏。但因一般薄膜的透气性差，密封薄膜内的气体环境会逐渐变的不利于果实储藏，因为氧气浓度降到一定程度后果实会进行无氧呼吸缩短储藏寿命，同时随着二氧化碳浓度的增高，对该气体敏感的一些果品也会有不良反应。这种密封薄膜的简易气调储藏比较适合耐低氧，特别是耐高二氧化碳的果品，如苹果。

也有在薄膜上设置硅橡胶膜窗来改善薄膜透气特性的简易气调储藏。该种方式利用硅橡胶对二氧化碳和氧气的渗透系数比薄膜大这一特性(一般大 100～200 倍)；其次它还具有较大的二氧化碳与氧的透气比(一般为(6～8)∶1)。由此来达到自行调气储藏的目的。

参 考 文 献

高海生，高愿军，李凤英. 1999. 果蔬贮藏加工学. 北京：中国农业科技出版社.

蒋如生，骆震谷，吕昌文，等. 1995. 果品贮藏保鲜实用技术. 天津：天津科学技术出版社.

James F, *et al*. 1998. Commercial Cooling of Fruits, Vegetables, and Flowers. University of California, Division of Agriculture and Natural Resources.